图说生物世界

动物也恋爱
——动物繁衍

侯书议 主编

上海科学普及出版社

图书在版编目（CIP）数据

动物也恋爱：动物繁衍 / 侯书议主编. —上海：上海科学普及出版社，2013.4（2022.6重印）

（图说生物世界）

ISBN 978-7-5427-5614-5

Ⅰ. ①动… Ⅱ. ①侯… Ⅲ. ①动物－青年读物②动物－少年读物 Ⅳ. ①Q95-49

中国版本图书馆CIP数据核字(2012)第272847号

责任编辑 李 蕾

图说生物世界
动物也恋爱——动物繁衍

侯书议 主编

上海科学普及出版社

（上海中山北路832号 邮编 200070）

http://www.pspsh.com

各地新华书店经销 三河市祥达印刷包装有限公司印刷
开本 787×1092 1/12 印张 12 字数 86 000
2013年4月第1版 2022年6月第3次印刷

ISBN 978-7-5427-5614-5 定价：35.00元

本书如有缺页、错装或坏损等严重质量问题
请向出版社联系调换

图说生物世界
编委会

丛书策划：刘丙海　侯书议

主　　编：侯书议

编　　委：丁荣立　文　韬　韩明辉

　　　　　侯亚丽　赵　衡　王世建

绘　　画：才珍珍　张晓迪　耿海娇

　　　　　余欣珊

封面设计：立米图书

排版制作：立米图书

前 言

　　对于一般的动物们来说,除了吃喝外,还有一件头等大事就是繁衍自己的后代,要让自己这个物种繁衍下来,所以谈恋爱对于动物们来说是非常重要的。

　　一般动物们谈恋爱都是有季节性的,它们会找一个合适的季节来繁衍自己的后代。适合在春季繁衍后代的,不会选择在冬季的时候谈恋爱,适合在夏季繁衍后代的,不会选择等到秋天到来的时候谈恋爱。

　　那么,为什么动物们谈恋爱要分季节呢?

　　首先,动物的生殖机能会受到光照时间的影响。

　　太阳光是个很奇妙的东西,它对各种动物的生理活动是有影响的,比方说,大多数动物都习惯在晚上睡觉,这就是因为光照影响了动物的生理活动。动物的生殖机能也是会受到太阳光的影响的。

　　有些动物会因为受到日照时间增长而刺激了生殖机能;另一些动物则相反,会因为受到日照时间慢慢变短而刺激它们的生殖机能,这样的动物一般都是习惯于在秋冬季节来繁殖后代的。比如鹿、麝这样的反刍动物，会因为光照时间的缩短而刺激它们的生殖机能，促使其进入谈恋爱繁殖后代的最佳时期。

其次，动物的生殖机能也会受到温度的影响。

温度随着季节的变化而变化，温度的变化也会影响到动物们的生殖机能，很多动物的繁殖都是需要一定的温度的。

比如说昆虫这一类动物，它们交配也好、产卵也罢，包括卵的孵化等等都是需要特定的温度。如果温度能达到一定的数值，那么就非常适合它们生存，这些昆虫就会大量繁殖。比如说，某一年的某个地方发生蝗虫灾害，那一定有一个非常适合蝗虫繁殖的温度。再如，鸟类繁殖也是受温度影响的，很多鸟类之所以会选择在春天繁殖，是因为春天的温度能够刺激鸟类生殖腺的形成，所以鸟类喜欢选择在冬天谈恋爱，春天下蛋孵小鸟。

最后，动物的生殖机能除了会受到日照和气温的影响以外，食物也是动物们繁殖不可或缺的要素。

动物们不管是吃草，吃肉，还是肉草通吃，它们在繁殖自己的后代的时候一般都会选择在自己食物丰厚的季节。原因有二：一来食物的富足有利于动物们补充营养从而刺激它们的性激素分泌，二来在动物们有了宝宝以后，不仅便于补充自己的营养，宝宝的营养也能得到保证。

目 录

动物繁殖史

为什么动物大都要分"男女"……………………………………012
为什么动物"恋爱"要分季节……………………………………018

唱支山歌给你听

青蛙用歌唱来吸引异性……………………………………………026
黑蝙蝠也能唱情歌…………………………………………………028

丑陋蟾鱼也会唱出优美的歌声……………………………030
知了唱歌也是在求偶……………………………………032
座头鲸的情歌每年都会有新作…………………………034
梅花鹿的"赞美歌"和"泥土衣"………………………036

"香水"是我吸引你的法宝

蝴蝶用气味来吸引异性…………………………………042
飞蛾用气味来传情………………………………………045
老鼠的眼泪里有玄机……………………………………046
"香水"也是雌蛇的法宝…………………………………049
军舰鸟谈恋爱也要闻气味………………………………050

紫外线也是牵线的"红娘"

没有紫外线就没有后代——跳蛛……………………………056
没有紫外线怎么与你相识——安乐蜥蜴…………………058
紫外线也是我们的红娘——澳洲虎皮鹦鹉………………059

我不是只想炫耀,是很想爱你

孔雀开屏是为了爱情……………………………………064
鸭子为爱梳理羽毛………………………………………067
黑熊的大力气……………………………………………069
鸵鸟为意中人跳舞………………………………………071
珠颈斑鸠复杂的炫耀……………………………………075
园丁鸟用炫耀艺术来征服异性…………………………077

凤头䴙䴘求偶炫耀凤头……………………………………080
招潮蟹也用炫耀的方式求偶……………………………081
大雁求偶炫耀自己的神勇………………………………084

为了爱情,也能变个颜色

雄性角雉为爱变身………………………………………090
七彩菠萝鱼为爱做美容…………………………………092
流苏鹬的新发型…………………………………………094
换个颜色是为了拒绝爱情——变色龙…………………096

想恋爱先过我这关

野鸡竞技场的大比武……………………………………100
南象海豹的战斗…………………………………………103
新旧猴王之争……………………………………………107
雄袋鼠的自由搏击赛……………………………………110
两条毒蛇的斗争…………………………………………113
为了爱情,天鹅也会拼个你死我活……………………115
大象的战斗………………………………………………118

想娶我，准备好"彩礼"再来

红嘴鸥：没有鱼你怎么求婚 …………………………………… 122
果蝇：廉价的"彩礼"也能赢取爱情 …………………………… 124
舞蝇：礼物越大对我越有吸引力 ……………………………… 126
南极企鹅：我要的彩礼是鹅卵石 ……………………………… 128
翠鸟：我们的"彩礼"也是鱼虾 ………………………………… 132
盗蛛：我们用蜘蛛丝包裹彩礼 ………………………………… 134
热带食虫虻：我们的爱情礼物是肉虫 ………………………… 136

你给我爱情，我给你生命

爱你就要吃掉你——螳螂 ……………………………………… 140
丢掉生命的爱情——红背蜘蛛 ………………………………… 143

动物繁殖史

关键词：动物基因、雄性和雌性、有性生殖、动物恋爱季节

导　读：大多数动物和人类一样分为"男"和"女"。据生物学家的研究结论得出，动物分雄性和雌性，是因为有性生殖有助于增加个体基因的多样性。除此之外，动物在"恋爱"时也要分季节。

为什么动物大都要分"男女"

不管是我们人类这样的高级动物,还是像猪、牛、羊这样的普通动物,除了一个像纤毛虫这样由单细胞组成的原生动物以外,绝大多数动物都分为"男性"和"女性"。即使像蜗牛和蚯蚓这样的软体动物将"男性"和"女性"的特征集合在一个个体之上,但是如果它们要繁衍后代的话,还是需要交换"男性"和"女性"基因。这样一来,问题就出现了,为什么大多数动物都要分成"男性"和"女性"呢?

20亿年前,地球上刚开始有生命的时候,所有的生物都是没有男女或者雌雄之分的,各种生物都能不需要借助于任何外力来独自完成繁衍后代的使命。那么为什么后来又有了雌雄或男女之分了呢?这个问题一直困扰科学家们,直到有个叫魏斯曼的科学家有了新发现,这个问题才有了突破性的进展。

魏斯曼是德国的一个动物学家,他在做实验的时候发现一个非常有意思的事情,即精子与卵子结合以后形成受精卵这样的有性生殖,在进行细胞分裂时会进行减数分裂,而这样一来,这个受精卵长大以后就成为一个新的个体,而这个个体身体内的基因会比自己父亲和母亲的基因要多样。

　　在这里解释一下基因这个概念。什么是基因呢？说白了就是一种遗传因子，它是遗传的一种物质基础，基因可通过复制将信息遗传给下一代。也就是我们的父母是通过基因的复制，将他们身体内的信息遗传给我们，比如说你的父亲是双眼皮，通过对双眼皮基因的复制遗传给你，你也可能是双眼皮。这就是遗传。遗传就是由于一种叫基因的东西在传递，使我们获得爸爸和妈妈的特征。基因这种

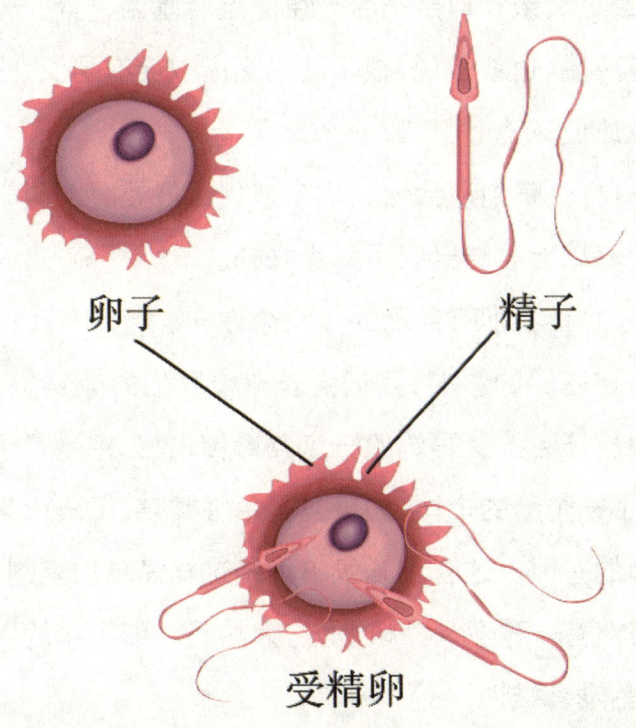

卵子　　精子

受精卵

东西分别存在于爸爸的精子和妈妈的卵子中,当精子和卵子在妈妈的身体中相遇结合的时候,一个新生命就在妈妈的肚子里形成了,与此同时,爸爸妈妈也就通过遗传基因将他们的遗传信息遗传给了我们,我们到底长得像爸爸多一点儿,还是长得像妈妈多一点儿,在精子跟卵子相遇并结合的那一刻已经决定了。

1886年,魏斯曼就提出"有性生殖有助于增加个体基因的多样性"的观点。后来,魏斯曼这个理论得到很多生物学家的认可,他们普遍认为,通过父亲和母亲结合产生的混合基因,有利于多样化,从而更能适应环境。也就是说,很多动物之所以会有男女之别,其实只是为了更能适应环境。

那么,有性生殖到底会给我们带来什么好处呢?科学家们在魏斯曼的理论基础上总结出以下几点好处。

首先,它会让我们有自己的独特个性。

因为遗传基因的影响,我们会长得像我们的爸爸妈妈,也就说我们的外貌特征会接受妈妈的一点儿遗传,也会接受爸爸的一些遗传,这就成了一个新的个体。如果只是单性繁殖,下一代只能全部接受来自母体的基因。这有点儿像单细胞这样简单的复制工程了。

在中美洲有一种亚马孙帆鱼,它大约跟我们人类的手指头差不多长,这种鱼没有雄性。

亚马孙帆鱼繁衍后代依靠的是神奇的卵细胞。它们的卵细胞不用受精,只需要借助跟亚马孙帆鱼有近亲关系的玛丽鱼或者黑帆鱼中的雄性鱼的精子触发卵细胞的分裂就可以了,经过这个过程以后,一个亚马孙帆鱼的卵细胞就会分裂成很多个细胞,这样一条帆鱼就有了后代。值得一提的是,虽然亚马孙帆鱼的卵细胞需要精子触碰,但是并没有真正的受精,所以精子中的遗传物质也不会影响到下一代亚马孙帆鱼,所以下一代亚马孙帆鱼全都遗传了它们的妈妈的特征。

所以在它们的世界中,亚马孙帆鱼甲跟亚马孙帆鱼乙是没有什

亚马孙帆鱼

么区别的，它们几乎全是从一个模子里刻出来的。

大家可以想象，如果我们人类也是如此的话，那么我们还有什么特征可言呢，张三和李四长得是一模一样的，路人甲跟路人乙也是没有区别的，就连我们的母亲除了年龄上的差距也是一个样子的。如果整个世界的动物都像亚马孙帆鱼一样繁殖，那么人和动物或许就没有办法区别开来，因为大家的基因都是一种基因的复制。

其次，很多科学家认为，动物有了男女或雌雄之分后进行有性生殖，可以更好地抵御寄生在我们身上的寄生虫。

美国印第安纳大学的科学家们认为，采用无性生殖的生物要比有性生殖的生物更容易受到寄生虫的侵害。如果寄生虫侵害到了生物体，说明生物体的力量已经抵抗不住寄生虫了。

可是无性生殖只是对母细胞单纯的复制，不管复制多少万次，它们的基因都不会发生变化，那些寄生虫倒是处于变化之中的，这就意味着新的生命体跟寄生虫的斗争也是处于弱势的。

有性生物就不一样了，有性生殖通过卵子受精就可以让新的一代的基因因为父体的介入而进行优化，从而提高新生体抵抗寄生虫的能力。

再次，有性生殖还是一个优胜劣汰的过程，可以把基因不好的生命体淘汰掉。

动物也恋爱

就拿我们人类来说，有很多怀了孕的准妈妈们在怀孕的过程中，有时候胎儿会停止生长最后导致流产。胎儿为什么会停止生长呢？那是因为它们的染色体出现了问题。如果这个时候没有淘汰掉的话，有问题的基因就会一代又一代地传下去，而生命体的质量也会下降。

虽然这些观点都是魏斯曼论点的衍生品，很多观点都没有找到确实的证据，但是我们又不能不说它们在一定程度上是让我们信服的。想一想，不管是我们人类的直立行走，还是鸟儿们的飞翔，人类分男女，其他动物分雌雄，这是物竞天择的结果，是为了适应新的自然环境而发生的进化。

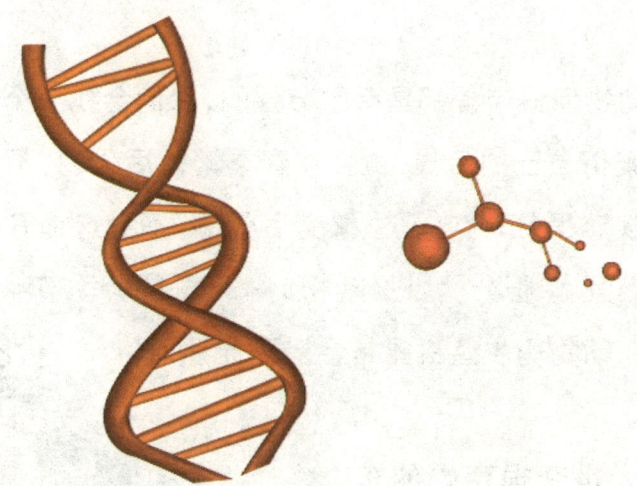

基因，有遗传效应的 DNA 片段，是控制生物性状的基本遗传单位。

为什么动物"恋爱"要分季节

我们通常会说一个人要想成大事必须要注意天时、地利、人和,对于我们人类这样的高级动物来说,可能要做的大事儿很多,比如说我们要工作,要为社会的发展和进步做贡献。可是对于一般的动物们来说,它们的要做的大事就是繁衍自己的后代,要让自己这个物种繁衍下来,所以谈恋爱对于动物们来说是一生中最重大的事件。要办成大事,就一定注意到外界的各种有利因素,找对了时机再谈恋爱。

一般动物们谈恋爱都是有季节性的,它们会找一个合适的季节来谈恋爱繁衍自己的后代,适合在春季繁衍后代的,不会选择在冬季的时候谈恋爱,适合在夏季繁衍后代的,不会选择等到秋天到来的时候谈恋爱。那么,为什么动物们谈恋爱要分季节呢?

首先,动物们生殖机能是会受到光照时间影响的。

太阳光是个很奇妙的东西,它对动物的各种生理活动

是有影响的,比方说,大多数动物都习惯在晚上睡觉,这就是因为光照影响了动物的生理活动。动物的生殖机能也是会受到太阳光的影响的。

像鸟类、食肉动物和一些吃虫子的动物都是习惯在春夏季节繁殖的。因为随着春夏季节的来临,太阳光的照射会一天比一天增长。随着太阳光照射的增长,就会刺激这些鸟类、食肉动物和食虫动物的生殖机能加速成熟,让它们有繁殖后代的欲望。科学家们把这种动物称为"长日照动物"。

就拿雄孔雀来说,它之所以会选择在春天的时候求偶,是因为随着日

照时间的增长，刺激到它们体内雄性激素的增加。雄性激素又称为男性激素，这是男性动物维持正常生殖功能的激素。随着雄孔雀雄性激素分泌不断旺盛，它们的繁殖时机也就来到了，所以雄孔雀会选择在这个时候求偶。

有些动物会因为受到日照时间增长从而刺激了生殖机能，另一些动物也会因为受到日照时间慢慢变短而刺激他们的生殖机能，这样的动物一般都是习惯于在秋冬季节来繁殖后代的。

而鹿、麝这样的反刍动物，则会因为光照时间的缩短而刺激它们的生殖机能，进入谈恋爱繁殖后代的最佳时期。

其次，动物的生殖机能也会受到温度的影响。

我们都知道温度是随着季节而变化的，温度的变化也会影响到

动物们的生殖机能,很多动物的繁殖都是需要一定的温度的。

比如说昆虫这一类动物,它们交配也好,产卵也罢,包括卵的孵化等等都是需要特定的温度的。如果温度能达到的,那么就非常适

合它们生存，这些昆虫就会大量地繁殖。比如说，有时候某一年的某个地方会发生蝗虫灾害，那一年的温度在某个时期一定是非常适合蝗虫们繁殖的。再如，鸟类繁殖也是受温度影响的，很多鸟类之所以会选择在春天繁殖，是因为春天的温度能够刺激鸟类生殖腺的形成，所以鸟类喜欢选择在冬天谈恋爱。

第三，食物也是动物们繁殖不可或缺的要素。动物们不管是吃草，吃肉，还是肉草通吃，它们在繁殖自己的后代的时候一般都会选择在自己食物丰厚的季节。

这是因为一来食物的富足有利于动物补充营养从而刺激它们的性激素分泌，二来在动物们有了宝宝以后，不仅便于补充自己的营养，宝宝的营养也能得到保证。

比如，生活在温带的动物大多喜欢春秋两季谈恋爱繁殖后代，因为春季的时候是植物生长的好季节，对食草动物来说食物是丰富的。足够的嫩草养肥了食草动物，也给食肉动物提供了富足的食物。而到秋天的时候，果实成熟了，相应也给这些动物提供了富足的食物。再如，在热带地区生活的动物一般会选择在雨季繁殖。热带地区虽然没有什么明显的四季变化，但是可以分为旱季和雨季。热带地区一进入旱季的时候不仅气候干旱而且食物缺乏，所以动物们一般不会选择在这个时节谈恋爱繁殖后代。

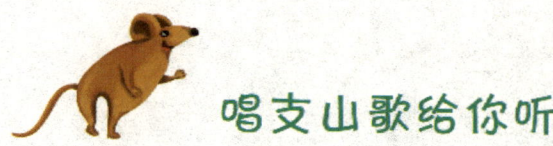

唱支山歌给你听

关键词：青蛙、黑蝙蝠、蟾鱼、知了、座头鲸、梅花鹿

导　　读：许多动物在恋爱时，会通过多种方式来表达自己对所追求的配偶的好感，其中唱歌是它们表达爱意的方式之一。

古往今来,歌唱一直是人类表达感情的最好方式,很多小伙子都是依靠自己以嘹亮的歌声来向心爱的姑娘表达自己的爱慕之情。直到现代,很多少数民族依然保留着这种美好的传情方式,一到三月花开的时候,就会有很多精心梳洗打扮的男女青年在山上对唱情歌,如果双方都够相互看中的话,还要互赠定情信物。

在神奇的大自然当中,并不是只有人类才会用歌声来传递和表达自己的感情。一些普通的动物也会唱出优美的歌声,来表达自己的爱意。

青蛙用歌唱来吸引异性

夏天，一到晚上，池塘里的青蛙们便会扯开嗓子引吭高歌，尤其是一场大雨之后，青蛙们的歌声就更加嘹亮了。其实青蛙们并不是我们想的那么爱唱歌，在一般情况下，它们都是默默无闻躲在暗处的，只有它们的繁殖期到来的时候，才会唱出如此嘹亮的歌声。

我们听到青蛙的这些叫声一般都是雄蛙发出的。雌性动物好像天性就是腼腆，所以当青蛙们进入繁殖期的时候，用大嗓门来吸引雌蛙的一定是雄蛙。

雄蛙们发声的方法是非常有趣的，在叫之前它们先是深深吸上一口气，这口气一直窜到它们的肺部，能够把它们的肚子鼓起来。接着雄蛙们再通过缩小自己的腹部，把肺里的气体排挤到喉咙这个部位，震动声带，发出声音。而且，青蛙发出的声音和剩下的气体还要送到鸣囊当中，鸣囊相当于一个共鸣器，是一个膜状的球形囊，长在的咽喉下边或者侧方。当气体到达鸣囊以后，就会把鸣囊撑大，声音就会在鸣囊中发出共鸣，然后再向外传播。也正因为如此，青蛙们的歌声也就显得格外洪亮，在几百米以外都可以听到。

动物也恋爱

　　当附近的雌蛙们听到雄蛙们这些雄浑的叫声的时候，会判断雄蛙的身体以及各方面的状况，如果觉得还满意的话，雌蛙就会跑到雄蛙的身边与之交配。

　　当然，青蛙并不是只有在求偶的时候才发出叫声，雄性青蛙们其他时候也会发出叫声，比如占地盘的时候，与其他雄蛙打架的时候等等。但是，据科学家们分析，只有在求偶的时候，雄蛙的叫声才最为嘹亮和高亢。

黑蝙蝠也能唱情歌

美国有一座有名的音乐之城叫奥斯汀，它是德克萨斯州的首府。在这座城市中一所农业大学的足球场上生活着一群奇怪的歌手，这些歌手们并不是人类的一员，而是一群脸长得有点儿像狗却又会飞的蝙蝠。这群蝙蝠跟普通的蝙蝠有些不同，它们没有尾巴，所以人们又给它们起了一个名字叫墨西哥无尾蝙蝠。

这群特殊的"歌手"非常有意思，它们表演的歌曲一般都是一些情歌，这些歌曲并不是它们饭后的消遣，也不是为了取悦人类，而是为了求偶。科学家们研究发现，一般利用鸣叫来求偶的哺乳动物非常少，墨西哥无尾蝙蝠就是其中的一种。

墨西哥无尾蝙蝠唱情歌一般先以鸟叫声开头，中间穿插着鸣啭声，最后会以嗡嗡的声音结束。更有意思的是，这些黑蝙蝠就像出过大量专辑的歌唱家，它们每唱一首都会跟前面唱过的情歌不同，好像它们的歌曲总也唱不完。

很多动物的爱情攻势都是由雄性先发起的，墨西哥无尾蝙蝠也不例外，也是由雄性蝙蝠来唱情歌的。每当夜幕降临的时候，蝙蝠们

开始活动了,雄性蝙蝠会以不同的姿势来表演情歌。它们或者悬挂在树枝横杆上,或者飞翔在空中,利用自己的美妙歌声吸引雌性蝙蝠的注意。

当然,这些墨西哥无尾蝙蝠对于自己的歌声也不是有绝对自信的,它们也会担心求偶的失败,所以在唱歌的时候会滴下几滴液体,这些液体会散发出一股怪怪的臭味。虽然对我们人类来说非常难闻,可是对于雌性蝙蝠来说却是很有吸引力的。雌性蝙蝠听到雄性蝙蝠的歌声,又闻到它们滴下的液体,就会被雄性蝙蝠的"魅力"吸引,高高兴兴地与它谈恋爱。

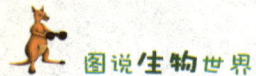

丑陋蟾鱼也会唱出优美的歌声

蟾鱼是生活在热带海域的一种鱼类,它主要分布在墨西哥湾沿岸的海域。这种鱼特别丑,皮肤又灰又黯,脑袋又扁又宽,嘴巴非常大,眼睛还是红红的,就像挨了打一样。这鱼长得丑也就算了,它背部的鱼鳍不仅锋利,上边还有剧毒,只要别的动物被它的鱼鳍刺到,生还的几率是非常小的。

虽然蟾鱼又丑又毒,但是千万不要小看它,它可有着"海中的金丝雀"的美称。金丝雀又叫芙蓉鸟,它的叫声非常婉转清脆。而蟾鱼的叫声居然可以跟金丝雀的叫声媲美,就可以想象它们的叫声是多么动听了。

蟾鱼发出这么好听的声音也是在对着异性唱情歌。当然,这种求偶的叫声也是由雄性的蟾鱼发出来的。

雄性蟾鱼可以发出两种不同的叫声,分别有不同的作用。一种叫声是低沉的咕噜声或者发怒时的咆哮声，这么奇怪的声音蟾鱼肯定不会用它来吸引雌性蟾鱼，这是雄性蟾鱼用来驱赶敌人的。还有一种叫声相对来时就比较动听了，它有的时候会像蜜蜂鸣叫，有的时候像马达发出的声音。

　　每当蟾鱼们进入繁殖期的时候，这些面目丑陋的雄性蟾鱼就会发出动听的鸣叫声来吸引雌性的注意。雌性蟾鱼听到雄鱼优美的歌声后，就会纷纷围在雄性蟾鱼身边徘徊，准备跟雄性蟾鱼结为"秦晋之好"。

知了唱歌也是在求偶

"池塘边的榕树上知了在声声叫着夏天……"相信很多人听到这首歌时脑海里都会浮现出这样一幅场景：夏日的午后，在校园的某个角落，一片碧绿的池塘，在池塘的边上生长着一棵古老的榕树，榕树上落了很多知了，在上边"知了知了"地叫个不停。

知了为什么一到夏天的时候就叫个不停呢？其实，它们也是为了寻找自己的另一半。

知了的学名叫蝉，是一种品种繁多又比较常见的昆虫。一到夏天，在我国的很多地方都能听到它们的叫声。

其实并不是所有的知了都会叫的，但会叫的知了则都是雄性知了。在这些雄性知了的肚皮上有两个不太规则的小圆片，这是蝉的音盖，是它们的发音器的重要组成部分。

在音盖的上边有一层薄薄的膜，这是蝉的瓣膜，可不要小看这层薄膜，蝉的鸣叫都是通过它的震动发出来的，而蝉的音盖就相当于扩音器，把声音扩大。所以我们听到蝉的叫声非常响亮。

雌蝉虽然也有发音器，但是构造不完整，所以它们不能发出声音。因为雌蝉不能发出声音,所以雄蝉那优美的歌声对它们来说就有了极大的吸引力。

每当蝉们进入繁殖期的时候,雄蝉就会在树上发出悦耳的叫声,等待着那些能欣赏它们"才华"雌蝉慢慢来到自己身边与之发生亲密的接触。

值得一提的是,雄蝉和雌蝉在经过爱情的考验和新婚的甜蜜以后,会双双死去。一般都是雄蝉在与雌蝉交配以后很快便会死去。

雌蝉则会安心地负责产卵,当它的产卵计划完成以后,雌蝉也会追随雄蝉而去。它们将一生的精华献给了后代,就此隐退而无怨无悔。

座头鲸的情歌每年都会有新作

鲸不仅是海洋中的最大的动物,还是海洋中最有名的歌手。它们的歌声非常嘹亮,据说可以传播十几千米远。

在所有的鲸当中,唱歌最好的是座头鲸。座头鲸是鲸的一种,它们的体形非常庞大,一般一头雄性的座头鲸可以长到 13 米左右。座头鲸的歌声不仅嘹亮,而且旋律还非常优美。它们这些歌的旋律

动物也恋爱

是由一长串的音符构成,每段旋律一般可以持续 10 分钟左右。这些旋律会不停地在座头鲸的嘴里重复。

很多科学家认为,座头鲸的歌声也是有求偶作用的。同样,座头鲸当中,会唱歌的只有雄性,雌性座头鲸是不会唱歌的。座头鲸们进入繁殖期,雄性座头鲸就会放开嗓子高声歌唱,生活在附近的雌性座头鲸听见以后就会来到食物丰富的繁殖地与雄性座头鲸交配。

更为有趣的是,有的科学家还发现座头鲸们唱的歌曲是不断发生变化的。当一支新的歌曲在一群座头鲸中间传唱的时候,用不了多长时间就会被其他的鲸群采纳。科学家们还表示,座头鲸的歌声差不多每年都会发生变化,有的变化其中的一小部分,有的会发生根本性的变化。

当一曲全新的曲子出现的时候,雄性的座头鲸们就会迅速利用这支新的曲子来向雌性的座头鲸求偶,这就像人类喜欢最新的流行歌曲一样。

梅花鹿的"赞美歌"和"泥土衣"

梅花鹿是鹿科的一种中型鹿种,其体长 140～170 厘米,肩高 85～100 厘米,成年梅花鹿体重 100～150 千克。雌鹿的个头比雄鹿的个头小些。

梅花鹿主要生活在韩国、日本、越南和中国的东部地区。为了逃跑方便,它们不喜欢呆在森林或灌木丛中,而喜欢在森林的边缘或者山坡的草地上生活。为了逃避天敌侵害,梅花鹿喜欢群居生活,依赖于集体抗衡外部风险。

梅花鹿是一种非常漂亮的动物,尤其是夏天的时候,它们的体毛一般都是棕黄色或者栗黄色,上边还镶嵌着很多排列别致的斑点。到了冬季的时候,它们的体毛就会变成浅褐色,而白点儿变得不再明显,此时梅花鹿的体毛就像地上的枯草,别有一番萧条美。

梅花鹿也是依靠自己的声音来求偶的。与其他动物不同的是,

在求偶期来临时,不管是雄性梅花鹿还是雌性梅花鹿都会发出求偶的叫声。

梅花鹿的性成熟年龄一般在 1.5~3 岁之间,也就是说这个时

期的梅花鹿相当于成年人了,可以开始繁殖后代了。

梅花鹿的繁殖期一般在每年的8~10月。这个时期,成年的梅花鹿都会进入发情期。

在非发情期时,梅花鹿的群体是由雌鹿和幼鹿组成的,而成年的雄性梅花鹿则都单独行动。当梅花鹿都进入发情期的时候,雄性的梅花鹿就会自动归入鹿群当中,准备向鹿群当中成熟的雌性梅花鹿"求爱"。

雌性梅花鹿在求偶期来临的时候会发出一种奇怪的叫声,就像给雄性梅花鹿唱的"赞美诗",以向刚归入鹿群中的雄性梅花鹿表示自己已经达到繁殖生育的年龄。这种叫声雌性梅花鹿通常会持续一个月左右。

在雌性梅花鹿发出叫声的同时,雄性梅花鹿也不甘示弱,它们也会发出叫声,不过它们的叫声就比较普通了,有点类似于绵羊发出的"咩咩"叫声。

当这些梅花鹿被彼此的歌声打动以后,它们就会和各自的所爱去繁殖自己的后代。

另外,雄性梅花鹿除了会用自己的叫声向雌性梅花鹿求偶外,还会经常不停地蹦跳甚至是打滚。它们不惜将自己美丽的衣服弄成一身脏兮兮的"泥土衣"来向异性展示自己的野性和健美。

"香水"是我吸引你的法宝

关键词：体味、蝴蝶、飞蛾、老鼠、蛇、军舰鸟

导　　读：动物在求偶季节，会通过各种方式讨好异性。身体散发出的香味，就是动物们寻找伴侣的法宝之一。

香水,是人类生活中必不可少的化妆品,尤其是女性。很多女性在约会的时候都会往身上喷洒一些香水用来吸引异性的注意。

可是你们知道吗,其实动物们要比人类厉害得多,它们用不着花很多钱去购买那些昂贵的香水,因为它们身体的本身就能分泌出"香水"来吸引异性。

当然,动物分泌的这些"香水"跟我们人类用的香水是不一样的,它们的这些"香水"是它们身体内分泌的激素所产生的气味,正是这些气味对它们的异性发生了极大的吸引力。

蝴蝶用气味来吸引异性

　　蝴蝶是一种非常美丽的昆虫。我们常能在野外看到它们美丽的身影。它们那美丽的色彩和优美舞姿，总是吸引着我们的目光。蝴蝶虽然长相不错，但是它们吸引异性绝不是靠肤浅的长相，而是用自己独特的方法，那就是气味。它们一般都是靠气味来吸引异性的。

　　散发气味这个绝招很多是由雌性来施展的。一般雌性蝴蝶到了繁殖期，就会分泌出某种有气味的物质，吸引在远处的异性。雄性蝴蝶对于雌性蝴蝶散发的这种气味是非常敏感的，它一闻到这种气味，就会立即飞过来。比如有一种橄榄油蝴蝶，就是由雌性蝴蝶散发气味来吸引雄性的。

　　雄性蝴蝶飞到雌性蝴蝶身边以后，雌性蝴蝶需要选择一个身强体壮的雄性蝴蝶来延续自己的后代，因为这样可以保证后代基因的优良。蝴蝶选择雄性蝴蝶的方法非常有趣，它们采取的是登峰的方式。雄性蝴蝶都飞过来以后，雌性蝴蝶就会慢慢地飞高，如果雄性蝴蝶身强体壮的话，它会随着雌性蝴蝶越飞越高。雌性蝴蝶一般都会选择飞得最高的雄性蝴蝶，因为这意味着这只蝴蝶身体强壮，而它

动物也恋爱

们的后代存活率也就高一些。对于那些想在平地上求爱的雄性蝴蝶，雌性蝴蝶是有权利拒绝的。它们拒绝的方式也非常有意思，它们会将自己的腹部指向天空，这就表示："我不喜欢你，请你走开。"

　　除了雌性蝴蝶能释放气味吸引异性，有些雄性蝴蝶也有这个功能。这有点儿像男人喷香水，其实也是为了吸引异性的注意。雄性蝴蝶释放气味一般都是在跳舞的情况下进行的，它们经常是一边拍打着翅膀跳舞，一边向雌性蝴蝶喷洒一种散发着甜味儿的粉末。雌性

蝴蝶对这种粉末基本没有免疫能力,它们会像着了魔似的飞下来与雄性蝴蝶交配。

最值得一提的是,蝴蝶们吸引异性的方式并不是只局限于气味,它们还能利用紫外线来吸引异性。

曾经有科学家做过这样一个实验:将一些雌性的蝴蝶用透明的玻璃器皿密封起来,让它们吸引异性的那种气味散发不出来。但没过多长时间,奇怪的事情发生了,还是有很多雄性蝴蝶朝着雌性蝴蝶飞过来,直至撞到玻璃上。

科学家发现,原来雌性蝴蝶的翅膀还能反射紫外线,它们也可以利用这个本领来吸引雄性蝴蝶。

动物也恋爱

飞蛾用气味来传情

在飞蛾的恋爱世界中，一般都是由雌性飞蛾采取主动的，因为与雄飞蛾比起来，它有着得天独厚的优势。在雌飞蛾的身体中藏着一种特殊的化学物质，这种物质叫做性外激素。这是雌性飞蛾吸引异性的法宝，虽然分泌的量不大，但是它发挥的作用却很大。

拿舞毒蛾来说，舞毒蛾又被人们称为秋千毛虫或者苹果毒蛾，是森林和果树的一大害虫。舞毒蛾释放的性外激素作用非常大，这家伙只要分泌出 0.1 微克的性外激素，就足足能招来 100 万只雄性舞毒蛾加入追求者的队伍。当然，雌性飞蛾的性外激素能发挥这么大的作用，雄性飞蛾灵敏的嗅觉器官是帮了忙的。雄性飞蛾的嗅觉器官是非常发达的，它们产生嗅觉的触角长得非常有意思，跟羽毛的形状差不多。但是，就是因为这特别的形状，让雄性飞蛾对雌性飞蛾释放的性外激素十分敏感，甚至几个性外激素分子的信息它们都能够感知得到。科学家们曾经做过一个实验，当风速为每秒 1 米时，远在 4500 米之外的雄蛾都能够感受到雌蛾分泌的性外激素。

这就是飞蛾求偶的妙招。

老鼠的眼泪里有玄机

眼泪历来是被人类看成不值钱的东西,它是懦弱的表现,可是对于雄性老鼠们来说,它反而成了吸引异性的法宝。

日本东京大学的当原茂教授等人曾经做过一项研究,他们发现,在雄性老鼠的眼泪中含有一种信息素,这是一种挥发性物质,有

点儿像芳香剂。这种信息素对雌性老鼠有很大的吸引力,能够刺激雌性老鼠喜欢与它们交配。

老鼠的视力很差,它们是一群有名的弱视者,所以我们经常会说"鼠目寸光"。

老鼠的眼睛不仅弱视,还容易干燥,而雄性老鼠们为了防止眼睛干燥就不断地流眼泪。当它们在整理自己的毛发时,眼泪就会随着梳理毛发的一些动作扩散到老鼠身体周围,甚至是老鼠窝中。

当这些眼泪扩散的时候，眼泪中的信息素也会随着眼泪的扩散而传播。当雌性老鼠接触到雄性老鼠，或者到雄性老鼠家里做客的时候，就会感受到雄性老鼠散发的这种信息素，从而就有了跟雄性老鼠交配的意愿。

那么，这些信息素是怎么对雌性老鼠起作用的呢？这就得说说雌性老鼠的一个特殊的器官——鼻子了。雌性老鼠的特殊的鼻子中有个特殊的器官叫做"犁鼻器"，它是一种软骨结构。它不仅能够将雄性老鼠的信息素收集起来，在它的里边还有一种特殊的蛋白受体，能够与这种信息素结合起来。这些信息素就传送到雌性老鼠大脑中与性有关的区域。雌性老鼠的大脑接受到这种信息素以后，就会产生与雄性老鼠谈情说爱，甚至是繁衍后代的欲望。

动物也恋爱

"香水"也是雌蛇的法宝

　　除了飞蛾、蝴蝶和老鼠以外,蛇也是靠"香水"这个东西来吸引异性的。当然,能够分泌"香水"的也是雌蛇。在雌蛇的皮肤上和尾部腺体上能分泌出一种物质,这种物质会散发出一股气味,这股气味非常大,对雄蛇有很大的吸引力,雄蛇一闻到这种气味就会来到雌蛇的身边。有科学家曾经做过一个实验,他们在一条雌蛇的身上抹上了一层排斥性信息素,用来掩盖雌性身上散发的那种气味,结果雌蛇对雄蛇的吸引力果然大大减小了,很多雄蛇连看都不看这个没有一点儿吸引力的异性。

　　蛇的繁殖季节一般都是在五六月份,这个时期,很多雌蛇的身体上就会散发出特有的气味来吸引异性。而此时的雄蛇就会依靠敏感的嗅觉到处捕捉这种气味,当它捕捉到的时候,就会慢慢地向雌蛇这边靠拢。这些雄蛇在靠近雌蛇了以后不会马上与之进行交配,它们会分别用不同的方式讨雌蛇的欢心,比如王蛇会用自己残留的后肢去给雌蛇抓痒,身上长着疣粒的雄蛇会用自己身上的疣粒去给雌蛇做按摩。总之,讨得雌蛇的欢心以后,它们才会进入主题。

军舰鸟谈恋爱也要闻气味

我们经常说两个气味相投的人才能在一起生活下去。可是有一种鸟儿却非常奇怪,它们会因为自己伴侣身上有着跟自己的一样的气味而把伴侣给甩掉。这种鸟儿叫军舰鸟。

军舰鸟是鹈形目军舰鸟科的一种大型热带鸟类,其体长750～1120毫米;翅长而强,翅展1760～2300毫米;嘴长而尖,端部弯成钩状;尾呈深叉状;脚短小而弱,几乎无蹼;雌鸟一般大于雄鸟;它的喉部有呈红色的喉囊,用以暂时贮存所捕食的鱼类。

在外形上,雄鸟与雌鸟略有不同,雄鸟的上体呈黑色,且具绿色光泽,其嘴、喉、颈、胸等皆呈黑色,并有紫色光泽;只有它的腹部呈现白色。而雌鸟的胸部和腹部都呈白色,嘴呈玫瑰色。

军舰鸟的胸肌较为发达,因此比较善于飞翔,素有"飞行冠军"之称。特别在它捕食猎物时,它的瞬间时速可以达到400千米,是世界上飞得最快的鸟儿之一。

军舰鸟的种类非常少,全世界已经知道的仅仅有五种,即华丽军舰鸟、白腹军舰鸟、阿岛军舰鸟、白斑军舰鸟、黑腹军舰鸟。它们主

动物也恋爱

要生活在热带、亚热带地区的海滨与岛屿上,在中国的西沙群岛上,人们可以常常见到军舰鸟的踪迹。

最值得一提的是,军舰鸟的"恋爱"方式非常奇特。

当它们进入繁殖期以后,一群雄性的军舰鸟会围在一只雌性的军舰鸟下边不停地盘旋。这些雄性的军舰鸟会一边盘旋一边鼓起它们那又大又红的喉囊,在这仅有的一只雌性面前展现自己的魅力。

而雌性军舰鸟会选择一只喉囊最大最红的雄鸟靠拢它身边,并打算与之交配。

虽然,这只雄性军舰鸟战胜了众位"情敌",成功地被雌性军舰鸟选中,但是它没有取得最后的胜利,因为很有可能正当它洋洋得意之时,本来钟情于它的雌鸟突然又拍打起翅膀飞向别的雄鸟。

为什么雌鸟有的时候会放弃自己最初的选择呢?这跟雄性军舰鸟的气味有关。

雌性军舰鸟不喜欢跟自己的气味闻起来差不多的雄性鸟交流,如果它闻到对方的气味跟自己身上气味相似的话,即使这只雄鸟的喉囊再红再大,它也不会与它一起繁衍后代。这时候,雌鸟就会翩然飞走,去寻找跟自己身上气味有差异的雄鸟。

为什么军舰鸟儿会做出这样的选择呢?

科学家们研究发现,那些身上携带着一组名为主要组织相容性复合标记物(MHC)蛋白质的雄军舰鸟才是雌性军舰鸟的最佳对象。雌鸟一般会选择这样的雄性来跟自己繁衍后代。

因此,科学家推测,这些雌性的军舰鸟可能能闻出了这种特殊的蛋白质的气味。同时,这样的鸟儿可能更利于军舰鸟的后代得到更优良的基因,用以抵抗更多细菌及病原体的侵袭。

这就是军舰鸟通过"气味"寻找自己理想配偶的原因。

# 紫外线也是牵线的"红娘"

关键词：紫外线、跳蛛、安乐蜥蜴、澳洲虎皮鹦鹉

导　读：人类的肉眼无法看到紫外线，而一些特别的动物却能看见这种光线，并能利用它来表达爱意，寻找自己中意的对象。

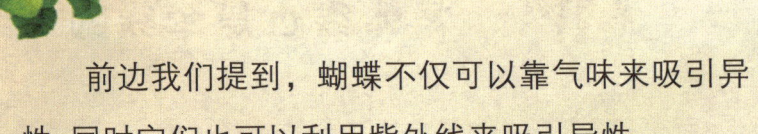

前边我们提到，蝴蝶不仅可以靠气味来吸引异性，同时它们也可以利用紫外线来吸引异性。

紫外线对于我们人类来说是一种无法用肉眼看见的光线，但是有一些动物却可以利用这种光线来传情，因此，紫外线在这些奇妙的动物中就起到了"红娘"的作用。

生活在非洲的丛林斜眼褐蝶，它们褐色的翅膀上分布着闪亮的斑点儿，这些斑点就像一只只小眼睛，是丛林斜眼褐蝶的求偶斑纹。这些求偶斑点儿中间有一片白色的区域，可不要小看这个小白点儿，这是丛林斜眼褐蝶求偶的秘密工具，褐蝶可以利用这个斑点来反射紫外线求偶。

除了蝴蝶以外，还有很多昆虫和动物都是可以让紫外线充当"红娘"的，比如说跳蛛、安乐蜥蜴、澳洲虎皮鹦鹉等。

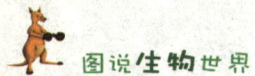

没有紫外线就没有后代——跳蛛

跳蛛是蜘蛛的一种,因为它喜欢以苍蝇为食,所以人们把它称为蝇虎,有的地方还把它们称为"苍蝇老虎"。因为这家伙的腿脚比较强壮,喜欢蹦蹦跳跳,所以人们才给它们取名跳蛛。

在一般情况下,跳蛛都是生活在树叶底下、花朵里或巢穴中,因为这对它们来说比较安全,可以躲避那些虎视眈眈的肉食动物对它们的袭击。可是一旦到了求偶期,这些跳蛛就会纷纷从树叶底下、花朵中间或者巢穴中爬出来,选择一株比较高大的植物,然后爬到最顶端,美美地晒上一个日光浴。

为什么跳蛛会在择偶期的时候冒着生命危险去大晒日光浴呢?

原来跳蛛是蜘蛛中视觉最为敏锐的蜘蛛,虽然它们的眼睛跟普通的蜘蛛并没有什么区别,可是其前中眼的活动视网膜对紫外线却有着极强的感光能力,也就是说这些跳蛛是能看到紫外线的。

这些跳蛛不仅能看到紫外线,在雄性跳蛛的头上和身上还覆盖了一层反射紫外线的鳞片。雌性跳蛛虽

动物也恋爱

然头上和身上没有覆盖这样的鳞片,可是它们的头上的一对触角上会受到紫外线的激发发出绿色的荧光。而雄、雌两只跳蛛就是依靠这些反射的紫外线进行交流和求偶的。科学家曾经做过一个实验,它们先将一些紫外光照在跳蛛们的头上,结果发现它们差不多都能够求偶,而一旦把这些紫外光拿掉以后,就是已经求偶成功的跳蛛都不能进行正常的交配行为。

可见紫外线在跳蛛繁殖后代的过程中发挥了多大的作用,可以说如果没有紫外线的话,这些跳蛛是不能够繁殖后代的。

没有紫外线怎么与你相识——安乐蜥蜴

除了跳蛛,有一种蜥蜴也是靠紫外线来当红娘的,这就是生活在热带的安乐蜥蜴。

安乐蜥蜴是庞大的蜥蜴目中的一个亚科,属于这个亚科的蜥蜴就有将近三百种。

安乐蜥蜴主要分布在中南美洲和加勒比海岛。它们的体形比较小,一般在树上生活,跟变色龙有点儿相似,能变换身体的颜色,所以有人称它们为"假变色龙"。

在神秘的热带雨林中生活着的一种安乐蜥蜴更为神奇,在这种雄性蜥蜴的脖子上长着一只喉囊,就像个反光镜,能够反射太阳的紫外线,而在雌性蜥蜴的眼底视网膜上,却长着一种敏感细胞,这种细胞对紫外线十分敏感。当蜥蜴进入求偶期的时候,雄性蜥蜴就会把自己的喉囊鼓起来,将紫外线向四周反射。而活动在这些雄性蜥蜴周围的雌性蜥蜴的眼底视网膜就会感受到这些雄性蜥蜴反射过来的"求偶信号"。雌性蜥蜴接到这种信号以后,就会跑过来与它们约会。

动物也恋爱

紫外线也是我们的红娘——澳洲虎皮鹦鹉

虎皮鹦鹉是鹦形目鹦鹉科的一种小型鸟类。它还有两个娇艳欲滴的小名叫"娇凤"和"彩凤"。听其名,就知道它是一种非常漂亮的鸟儿,它的羽毛以黄绿色为主色调,在黄绿色的主色调上边点缀着一道道的条纹,就像虎皮一样,因为人们才把它们称为虎皮鹦鹉。

虎皮鹦鹉不仅长得漂亮,叫声还非常好听,清脆响亮,十分可爱。虎皮鹦鹉的老家在澳大利亚的内陆地区,野生的虎皮鹦鹉一般都生活在茂密的树林、开阔的草原以及灌木丛中,有时也在平原地区的农耕地带生存。最主要的是,这些地区必须离水源较近,以便于它们摄取水分。

虎皮鹦鹉通常以各种植物的种子、浆果以及嫩芽、嫩叶为食,秋季时节,它们也会飞到田间啄食谷物等。

虎皮鹦鹉不仅长得可爱,它的求偶方式也很别致,紫外线也是虎皮鹦鹉的红娘。鹦鹉的眼睛跟蜥蜴一样,也可以看到同伴羽毛反射的紫外线。

雄性鹦鹉的羽毛构造非常独特,可以反射太阳光里的紫外线。

当雄性鹦鹉进入求偶期时，它们的羽毛反射太阳光的紫外线，而到了晚上，雄性鹦鹉的头顶还会散发出荧光。

虎皮鹦鹉一般5个月大的时候，就发育成熟了，可以繁殖后代了。在澳大利亚，野生的虎皮鹦鹉的求偶期是6月份到来年的1月份，这是澳大利亚的冬春季节，气温一般保持在10℃以上，温度不会太低也不会太高，正是虎皮鹦鹉求偶的好季节。这时期的夜间，雄性虎皮鹦鹉的头顶上就会散发出美丽的荧光，等待着雌性的虎皮鹦鹉们前来赴约。

我不是只想炫耀，是很想爱你

关键词：孔雀、鸭子、黑熊、鸵鸟、珠颈斑鸠、园丁鸟、凤头䴙䴘、招潮蟹、大雁

导　　读：人类为取得他人好感，会尽力展示自己的优点；在动物世界，动物们也知道展露自己的优点，炫耀自己的特长，以吸引异性的青睐。

炫耀,又被人们说成"显摆"、"夸耀",就是将自己的长处展现在别人的面前,让对方不管是从心理上还是语言上作出相应的反应。在我们人类社会生活中,一般人不太喜欢那些炫耀的人。尤其是我们中国人在传统上比较内敛,对那些喜欢炫耀的人更为反感。

其实,并不是我们人类有炫耀的心理,动物也有,展现自己的羽毛是炫耀,展示自己的歌喉是炫耀,展现自己的力气也是炫耀。然而,这些简单的动物们远远没有人类想的那么复杂,人类炫耀往往是想展现自己的长处,引起对方的羡慕、嫉妒,从而得到某种精神上的满足。可是动物们的炫耀一般都很简单,在大多数情况下只是为了获取爱情。孔雀是,黑熊也是,还有很多喜欢炫耀的动物都是。

孔雀开屏是为了爱情

相信所有去动物园里看孔雀的人都想看到孔雀开屏,因此很多人就想尽一切办法逗弄孔雀,希望它打开羽毛一展风采。可是无论怎么逗弄,这些孔雀就是不给面子。

其实孔雀开屏要遵守一定的自然规律。如果你在春天的时候去动物园里看孔雀,看到孔雀开屏机会就大大增加。

原来,孔雀开屏是一种吸引异性的行为。雄性孔雀展开自己美丽的尾屏并不是为了取

动物也恋爱

悦人类，而是为了取悦雌性孔雀。

　　每当春暖花开的时候，孔雀们就进入了繁殖后代的最佳时期，这个时期的雌孔雀要产卵，而雄孔雀则会开始疯狂地追求雌孔雀。此时雄孔雀的生殖腺会分泌出大量的性激素，这些性激素通过刺激

雄孔雀的大脑,让它展开美丽的彩屏来吸引雌孔雀的注意,从而实现自己的追求。所以,春天时节我们会更有机会看到孔雀开屏。

然而,有意思的是,雄孔雀向异性求偶的方式,并不仅仅局限于炫耀自己美丽的尾屏,它们还会在张开彩屏的同时,在雌孔雀面前跳起华丽的"舞蹈"。它们的这个"舞蹈"也是向雌孔雀倾诉爱慕的一种方式。

孔雀开屏并不是全都为了能吸引异性,有的时候也是为了保护自己。因为它的尾屏打开的时候,羽毛上的彩斑就像很多凶猛动物的眼睛。当孔雀感觉到自身有危险的时候,也会把尾屏打开来吓唬对手,保护自己。这就是为什么有的时候孔雀不在繁殖期偶然也会开屏的原因。

动物也恋爱

鸭子为爱梳理羽毛

鸭子属鸟纲雁形目鸭科的一种水禽，因为它们的嘴巴是扁的，有的地方又把它们叫做"扁嘴"。它是经过是由野生绿头鸭和斑嘴鸭驯化而来。

鸭子非常可爱，由于它们的腿长在身体的偏后部，所以当它们走路的时候，经常摇摇摆摆，显得是那么的憨态可掬。不过看似笨拙的鸭子，却是游泳好手。

鸭子不仅长得可爱，它们求偶的方式也是非常有趣的。它们虽然没有孔雀那样美丽的羽毛，但是它们也会利用羽毛的优势来向异性展示自己的魅力。

跟大多数鸟儿一样，鸭子的发情期也是在春暖花开的时候。这时候，鸭子就会进入发情期。鸭子之间的求偶一般都是由雄性鸭子采取主动的。

雄鸭子求偶的方式非常有意思，它们会像人类一样以一种脉脉含情的目光看着雌鸭子。

与此同时，雄性的鸭子还会用自己扁扁的嘴巴梳理自己的羽

毛,并特别用心地梳理色彩比较鲜明的部位,或者色彩比较别致的地方。比如有一种绿翅鸭就专门梳理自己翅膀上绿色的部分。鸭子在梳理羽毛时,还会用嘴挟取尾脂腺上分泌的脂肪。尾脂腺是鸟类尾部皮肤上的一种衍生物,这里能分泌脂肪。鸭子将这些脂肪抹在羽毛上以后,不仅会使自己的羽毛更加光滑,还会使毛不沾水。这有点儿像人类往自己的头上抹发胶。

而此时雌鸭子如果对向自己炫耀漂亮羽毛的雄鸭子感兴趣的话,就会欣然与这只炫耀的鸭子交配。

看,我的羽毛多帅!

动物也恋爱

黑熊的大力气

黑熊是哺乳纲真兽亚纲的一种动物,别名喜马拉雅熊、藏熊;我国民间又称为狗熊、熊瞎子。

黑熊主要生活在在亚洲地区的植被茂盛的山地,在夏季的时候,它们会移居到海拔3000米以上的山林中活动或休息。冬季的时候,它们会迁居到海拔较低的山林中生活,以便于寻找食物。

在伊朗、巴基斯坦、阿富汗、印度、尼泊尔、不丹、缅甸、泰国、老挝、越南、朝鲜、俄罗斯、日本以及中国等地,皆能见到黑熊的踪迹。黑熊在中国的分布地域甚广,黑龙江、吉林、辽宁、陕西、甘肃、青海、西藏、四川、云南、贵州、广西、湖北、湖南、广东、安徽、浙江、江西、福建、台湾、内蒙古等地都有黑熊生活的足迹。

黑熊是杂食性动物,主要以植物为食,它喜欢吃各种浆果、植物嫩叶、竹笋和苔藓等等。偶尔也会吃各种昆虫、蛙、鱼以及腐肉等。大多数时候,黑熊在夜间出没,并寻找食物,白天则躲在树洞或岩洞中休息。到了秋天的时候,它们更少在白天外出。

别看黑熊的体形笨重,但它们都是游泳和爬树的高手。它们也

能长时间依靠后腿站立,并利用前爪攻击对手或者获得食物。

说了这些,那么,黑熊到底长什么样呢？黑熊一般都是黑色的,也有一些黑熊的毛是棕色的。黑熊的个子高低不等,有的高个子黑熊身高能达到1.8米左右,这样的身高站在人群当中,也是比较显眼的。有的黑熊的个子比较低,只能长到1.2米左右,相当于一个十来岁的小孩子。

黑熊求偶也采用炫耀的方式,不过黑熊们炫耀的并不是它的毛发,因为它们那一身漆黑的浓毛实在没有什么可炫耀的,它们要炫耀的是它们的力气。

黑熊求偶的时间会因为它们居住地区的纬度不同而有先后。比如,生活在俄罗斯的黑熊一般是在每年的六七月份求偶,而生活在巴基斯坦的黑熊一般在每年的10月份发情期才会到来。

黑熊进入了发情期以后,雄性的黑熊就会站在一根木柱或者一棵树面前用力地摇晃它们。这不是黑熊在锻炼身体,也不是发狂,而是在向异性们展示自己的力气。它们要通过这种不可思议的动作向雌性黑熊们展示自己的身体是多么的魁梧有力。

而雌性黑熊如果感觉到面前这个急于向自己展示力气的黑熊小伙子不错的话,就会芳心暗许,然后跟这个黑熊小伙子谈情说爱,并交配繁衍后代。

鸵鸟为意中人跳舞

鸵鸟属今鸟亚纲鸵鸟目鸵鸟科的一种鸟类。鸵鸟的长相非常奇特,它的头很小,呈扁平状,颈极长而且非常灵活,它的头部、颈部以及腿部裸露无毛,皮肤通常呈淡粉红色;其喙直而短,尖端为扁圆状;眼睛很大,并且上面长有很粗的黑色睫毛,并且视力很好,这一点到继承了鸟类的特征。

鸵鸟主要生活在非洲低降雨量的干燥地区。根据化石考证,早在新生代第三纪时,鸵鸟在欧亚大陆一代广泛生存。在我国周口店曾经发现过鸵鸟蛋化石和腿骨化石。这证明鸵鸟在当时也生活在这一地区。

鸵鸟是世界上现存最大的鸟儿,它们的身高最高可以达到3米左右。由于鸵鸟的体形太大,所以即使它是鸟儿,却不能利用自己的翅膀飞翔。鸵鸟虽然不能飞翔,可是它们的双腿却非常矫健。有力的双脚不仅能支撑它们庞大的身体快步如飞,还能够支撑它们跳出曼妙的舞蹈。

鸵鸟属于杂食性动物,主要以植物的叶子、种子、嫩枝、树根、

花、果实、以及嫩草等为食,偶尔也吃蜥、蛇、幼鸟、小的哺乳动物以及一些昆虫等。有趣的是,鸵鸟在吃食物的时候,总是故意把一些沙粒也吃进肚子里。这是为什么呢?原来,鸵鸟消化能力比较差,而吃一些沙粒可以帮助它磨碎食物,促进消化吸收,而且,被吃进去的沙粒并不会伤及到鸵鸟的脾胃。

动物也恋爱

　　动物们喜欢炫耀自己的长处来求偶，一般都是由雄性来做主演，只要雌性们配合就行了。可是鸵鸟好像有点儿例外。鸵鸟的炫耀舞是由雌性鸵鸟来完成的，此时的雄性鸵鸟倒像个被追求者，托着一身美丽的羽毛欣赏雌鸵鸟的舞蹈。

　　当鸵鸟们进入求偶期的时候，雌性的

鸵鸟们便会张开自己的羽翼翩然起舞。虽然鸵鸟的身形比较巨大,但是雌性鸵鸟的舞蹈动作却是非常干净利落,绝不拖泥带水,一点儿都不会因为它们的庞大体形而显得笨拙、滑稽,反而显得雍容高雅,仪态万方。雌鸵鸟在跳舞的过程中,会一边注意观察身边雄鸵鸟的动静。当雌鸵鸟觉得雄鸵鸟对自己有意思的时候,就会从舞会中撤出来。而雄鸵鸟看到自己中意的鸟儿离开以后,也会尾随着离开。这时候,雄鸵鸟就会转为主动了,它会把雌鸵鸟带到一个比较偏僻的地方。两只鸟先埋头吃些草,接下来就轮到雄鸵鸟的表演了。

雄鸵鸟先跪在地上,一边拍打着翅膀,一边将长长的脖子扭成一个螺旋的形状,并把脑袋和脖子放在自己的背上。当雄鸵鸟拍打右边的翅膀的时候,它的头和脖子就会倒向右边;当它拍打着左边的翅膀的时候,它的头就会倒向左边。而这时雌性鸵鸟也会低下头,一边拍打着翅膀,一边张口闭口地回应着雄鸵鸟。经过这一番的感情酝酿以后,这两只鸵鸟才会进入主题,进行交配。

有意思的是,在鸵鸟的世界中实行的一夫多妻的制度,一般一只雄鸵鸟会有一个妻子和两个妾。

当雄鸵鸟把两个妾刚刚迎进家门的时候,妻子还是能够容忍的,而当这两个妾产下鸵鸟蛋以后,正牌妻子就会把两个妾统统赶出自己的巢穴。

动物也恋爱

珠颈斑鸠复杂的炫耀

珠颈斑鸠又叫花斑鸠，是我国南方比较常见的一种鸟。这种斑鸠的羽毛大部分是灰褐色的，只有脖子上有一点儿黑色的羽毛，并且还带有一点儿白色的斑点。

珠颈斑鸠求偶的方式也是雄斑鸠向雌斑鸠炫耀自己的特长，不过雌斑鸠好像比较矜持，不是那么容易被打动，所以雄斑鸠在炫耀的时候颇费力气。

雄性珠颈斑鸠在求偶的时候，既可以在地上，也可以在树枝上。

如果雄斑鸠选择在地上求偶的话，它会以雌鸟为中心，围着转圈，也有的自己在原地盘旋，以向雌鸟展示自己健壮的身体。在转圈的时候，雄斑鸠还会非常绅士地向雌鸟鞠躬问好，以求博得雌鸟对它的好感。如果这些都不能打动雌鸟的话，雄斑鸠还会一展自己不太美妙的歌喉，给雌鸟炫耀一下自己的嗓子。

雄斑鸠也有可能会选择在树枝上向雌鸟求偶。在树枝上求偶的雄鸟有的时候会低声给雌鸟唱歌，有的时候也会上下抖动着自己的双翅，向雌鸟展示自己强而有力的翅膀，如果这两点对雌鸟都不起

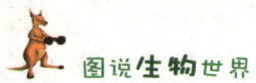

作用的话,雄斑鸠还可以带着雌鸟在空中进行婚飞。什么是婚飞呢?就是雌雄两只鸟在天空中上下翻飞,相互追逐。雄斑鸠可以通过这个过程让雌鸟更好地了解自己。

当雄斑鸠获得雌斑鸠的芳心以后,就会带着雌鸟找地方构建自己温馨的小窝。这个小窝一般都是它们自己来搭建的。当然,有的珠颈斑鸠比较懒惰,它们不愿意花力气去"盖房子"了,就把别的鸟儿的家占了,正应了那句成语"鸠占鹊巢"。

园丁鸟用炫耀艺术来征服异性

　　园丁鸟生活在澳大利亚东部和东南部，它们的身体长度一般都在 27~33 厘米，喜欢在热带雨林中生活，日常食物是一些昆虫或者植物的果实。雌性的园丁鸟和雄性的园丁鸟在长相上区别明显。雌园丁鸟羽毛的颜色是以暗绿色为主，而雄园丁鸟的羽毛则是以暗蓝色为主，在阳光的照射下它们的羽毛会散发出蓝蓝的光。园丁鸟是一种鸣禽，它们的叫声非常好听，就像一串串的铃声。

　　在园丁鸟的恋爱过程中，也是雄园丁鸟采取主动。雄园丁鸟虽然也有美丽的羽毛和清脆的歌喉，但是它觉得炫耀这些肤浅的东西根本就吸引不了异性。雄园丁鸟很有艺术气质，它们会寻找一些非常有艺术性的东西来向雌园丁鸟炫耀。

　　当园丁鸟繁殖期来临的时候，已经发育成熟的雄园丁鸟就到森林中到处游荡。当然，它们的游荡并不是毫无目的，它们要找一个树荫不太浓通风又透光的地方。找到合适的地方后，它们用嘴巴把地上的杂草清理干净，要清理出一块约 1 平方米的平地，这就是它们的爱巢。

建筑爱巢是一个比较繁琐的工序。雄园丁鸟先衔来一束束树枝,将其平行插在两边,这是通往凉亭的林荫大道。然后就着手修建凉亭。雄园丁鸟会找一些跟雌鸟的羽毛颜色相近的树叶、黄色和蓝色的花朵、漂亮的鹦鹉羽毛和蓝色的浆果来装饰它们的凉亭。

如果附近有人类居住的话,它们还会从民居里偷来一些玻璃珠、纽扣和毛线等物品来装饰。

千万不要小看园丁鸟这些零碎的装饰,这可是雄园丁鸟向异性炫耀的资本。所以,雄园丁鸟就会在自己能力范围以内尽可能多地收藏。有的甚至还会把手伸向自己的邻居,从别的园丁鸟的鸟巢那里弄点宝贝来。

雄园丁鸟将自己的爱巢建好以后,每当门前有雌园丁鸟经过的时候,这些雄鸟就会向异性介绍自己精心布置的爱巢,在着急的时候,还会用嘴衔起自己的精心找来的装饰让雌鸟欣赏。此时如果雌

园丁鸟对这爱巢比较满意的话,就会走进去跟雄园丁鸟进行交配。

园丁鸟的洞房中也会出现意外,当它们在"洞房"里的时候,未成年的雄园丁鸟偶然会来捣乱,它们的到来带来的混乱,足以拆散一对很好的情侣。

其实雄园丁鸟精心准备的爱巢也只是它们的"洞房"而已。雌园丁鸟并不会跟它在一起长久生活,它们跟雄园丁鸟交配完以后,就会在离庭院几百米地方的一根树枝上建立自己的巢,单独在那里产卵并照顾自己的后代。而雄性园丁鸟则会继续吸引别的雌性园丁鸟幽会。

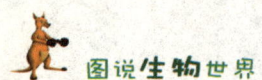

凤头䴙䴘求偶炫耀凤头

  凤头䴙䴘是䴙䴘目䴙䴘科的一种鸟类,它善于潜水游泳,因此又名浪里白、水老呱、水驴子。凤头䴙䴘䴙䴘的分布范围较广,在欧洲、非洲、大洋洲、亚洲等,都有它们栖息的身影。它们主要以各种水栖昆虫、小型虾类、鱼类以及一些水生植物为食。凤头䴙䴘的身体很象鸭子,但它的体形较为肥胖,其嘴又长又尖,并且从嘴角到眼睛还长着一条长长的黑线。它的脖子也很长,并且向上方直立。在凤头䴙䴘䴙䴘的颈部还围有一圈由长长的毛羽形成的像小斗蓬一样的翎领,翎领的基部呈棕栗色,端部呈黑色,看上去极其醒目耀眼。

  到了夏季时,它的头部两侧和颏部(下巴处)都变为白色,前额和头顶却是黑色,头部长出两丛小辫子一样的黑色羽毛,并雄赳赳地向上直立着,因此得名"凤头䴙䴘"。

  别小看这两丛"小辫子"一样的羽毛,这可是凤头䴙䴘的求偶的秘密武器。在繁殖期来临的时候,雌性和雄性凤头䴙䴘会两两相视,身子高高挺起,并不停地摆动着头顶的两个"小辫子"一样的羽毛,有时,雄凤头䴙䴘的嘴上还衔着植物,以讨好雌凤头䴙䴘。

招潮蟹也用炫耀的方式求偶

除了很多鸟类及黑熊用炫耀的方式求偶以外,有些螃蟹在求偶的时候也会向异性炫耀,比如说招潮蟹。

招潮蟹是一种生活的热带和亚热带的蟹类,这种螃蟹最明显的特征就是它有着一对大小悬殊的螯,大螯摆在前胸,就像武士的盾牌。因为大螯能够做出挥舞的动作,在潮间带活动时,好像在向潮水"招手",故称为招潮蟹。

招潮蟹挥舞大螯一方面是为了吓唬敌人;另一方面是为了求偶。它们可能觉得向异性炫耀自己的武器会更容易让异性们动心。

招潮蟹的繁殖期来临以后,雄性招潮蟹就会挥舞着它那只大螯来吸引异性。当它们看到雌性的招潮蟹向自己靠近的时候,它们的大螯就会挥舞得更加有劲,如果它们看到情敌也在挥舞大螯,它们就会在加速的同时也会把幅度增加。这一来对情敌有震慑作用,二来可以让心上人对自己更加倾心。

雄性招潮蟹在求偶的时候除了炫耀自己的大螯以外,还会向雌招潮蟹显示自己背上的色泽。当雄性招潮蟹在求偶的时候面对激烈

动物也恋爱

的挑战，一方面会将自己的身体和大螯抬高显示自己的动作，另一方面还会紧跟着雌蟹，用身体的背面挡住雌蟹的去路。雄招潮蟹这样做有两个意思，一是向雌招潮蟹炫耀一下自己的背上的光泽度，以增加求偶成功的几率，二是迫使雌招潮蟹走进自己的洞穴。

雌招潮蟹对于雄招潮蟹的这种霸道行为并不特别反对，反而有点欣赏，大概它们会觉得只有这样才更有雄性的魅力吧。当它跟着雄招潮蟹走进洞穴以后，就会欣然地与之交配，并繁衍它们的后代。

大雁求偶炫耀自己的神勇

大雁是鸟纲鸭科的一种大型游禽，俗名叫野鹅。它的嘴宽而厚，嘴甲比较宽阔，啮缘有较钝的栉状突起；其颈部较粗短，翅膀长而尖，尾羽一般为 16～18 枚。体羽大多数呈褐色、灰色或白色。成年的大雁体重达 5～6 千克，最大的可达 12 千克。

大雁喜欢群居生活，常常在水边集结成成百上千只，而且有意思的是，它们在夜晚休息的时候，还会有大雁在周围巡逻警戒，如果遇到袭击，就会鸣叫报警，提醒雁群注意防范。大雁的只要食物有植物的嫩叶、细根和种子，有时，也会跑到田间啄食谷物等。

全世界共有 9 种大雁种类，我国占有 7 种，比如鸿雁、灰雁、豆雁、白额雁等。

大雁属于典型的候鸟。我国古代有很多赞美大雁越冬迁徙的诗词，比如"八月初一雁门开，鸿雁南飞带霜来"、"雨霁鸡栖早，风高雁阵斜"、"万里人南去，三春雁北飞"、"孟春之月鸿雁北，孟秋之月鸿雁来"等等。

在越冬迁徙时，通常由几十只、数百只，甚至上千只聚集在一

动物也恋爱

起，互相紧接着列队而飞，我国古人称之为"雁阵"。"雁阵"由有经验的"头雁"带领，在快速飞行时，雁队排成"人"字形；在飞行速度减慢时，雁队通常从"人"字形转换成"一"字长蛇形。这样做的目的是为了防御敌害的袭击。

大雁的热情十足，在它们迁徙的时候，还不断发出"嘎、嘎"的叫

声，目的是为了给同伴以鼓舞、互相照应、传递信号等。

大雁也是一种采用炫耀的方式来求偶的动物，不过它们炫耀的不是漂亮的羽毛，也不是优美的舞蹈，它们需要向雌性大雁炫耀的是自己的神勇。

大雁的求偶表演是非常有趣的，当一只雄雁看到中意的雌雁后，会采用各种动作来向对方展示自己的神勇。一开始，雄雁会先把自己的羽毛倒竖起来，以非常神奇的姿态在雌雁的身边走来走去。如果这样做没有产生什么反应的话，雄雁也不会气馁，它会在雌雁身边飞上飞下，向雌雁展示自己的飞翔本领。其实，雄雁的这些动作是非常消耗体力的，它们平常的时候绝不会做这些动作，由此可见雄雁在求偶的过程中是多么卖力。

如果这些动作都不能够打动雌雁的芳心，雄雁有时候还能做出一些更为危险的动作，比如，它们可能会在雌雁的面前攻击人类，以此来显示自己是多么的神勇。

雌雁是一种比较矜持的鸟儿，它看到雄雁的这些表演以后并不会马上答应它们的求爱，雄雁的这样表演一般要坚持好几天，雌雁才会答应它们。

雌雁回应雄雁的方式非常简单，它们只要跟着雄雁一起鸣叫就表示自己已经答应雄雁的求爱了。

为了爱情,也能变个颜色

关键词:角雉、七彩菠萝鱼、流苏鹬、变色龙

导　读:动物恋爱奇趣多多,其中一种就是通过改变自身的颜色,以表达对于对方的好感或厌恶。

俗话说得好,"女为悦己者容",所以很多女性为了讨得他人喜欢,要么为自己的头发换个颜色;要么给自己画个黑眼圈;更有甚者还在自己的脸上动开了刀子,做个隆鼻或者割个双眼皮什么的。其实不只我们人类会为了讨得异性的关注而尝试改变自己的外形,一些普通的动物为了求取爱情,也会给自己换个肤色,或者画个黑眼圈什么的。

雄性角雉为爱变身

角雉是一种比较稀有的鸟,被列为我国国家二级保护鸟类。它们喜欢高原生活,一般都是在海拔 2200~3100 米高的冷杉或者桦树林中栖息。角雉的长相非常特别,尤其是雄性的角雉鸟,它们的两

动物也恋爱

只眼睛上方都各有一个肉质角状,也正是因为这样,人们才给它们起名叫角雉。另外,雄性角雉的咽喉下边还长着一个肉裾,这有点儿像我们衣服的前襟。有意思的是,雄性角雉的肉质角和肉裾并不是一直不变的,它们在某个特定时期会发生变化。这个特定时期就是角雉的繁殖期。

角雉的繁殖期一般在每年的 4~6 月份。一到这个时间段,雄角雉的雄性激素就会分泌得非常旺盛,它们的肉质角就会在这些激素的作用下变得又粗又长,而它们的肉裾在这个时候也会舒展开,颜色也会非常鲜艳。当雄角雉对雌角雉求偶的时候,雄角雉会一边竖起那两只独特的"犄角",一边把咽喉下的肉裾张开,向雌角雉展现自己的雄性之美。

有意思的是,雌角雉非常矜持,它们看到这些雄角雉的表现以后,并不是马上答应它们的求爱,而是装作无动于衷的样子走开,尽管它们可能对这个表现不错的雄角雉有点意思,但是它们在看完雄角雉的表演后,该干嘛还是干嘛。而可怜的雄角雉没有办法,只能过一会儿再一次向雌角雉们展示自己不错的身姿。这样重复好几次以后,雌角雉才会答应雄角雉的求爱。

七彩菠萝鱼为爱做美容

墨西哥的南部生活着一种非常漂亮的鱼类,它们有个非常温馨的名字——七彩菠萝鱼,也有的人把它们叫做萨尔文丽体鱼。它们的颜色五彩斑斓,真像一只七彩菠萝。

动物也恋爱

我们经常会说恋爱中的情人会变得漂亮,而对于七彩菠萝鱼来说更是如此,当它们的繁殖期来临的时候,七彩菠萝鱼身体的颜色会变成以鲜红为主色调的色彩——以象征它们的美好爱情即将到来。

当雄性七彩菠萝鱼看到自己中意的雌鱼,会专门做个"祛斑"的美容,将自己腮上的黑斑去掉。而雌性的七彩菠萝鱼腮上的黑斑却伴随它一生。

当雌性七彩菠萝鱼答应了雄鱼的求爱以后,两条鱼就会形影不离地生活在一起。它们在一起的时候,总不忘伸展自己的鱼鳍,比比谁长得更漂亮。

093

流苏鹬的新发型

　　流苏鹬是一种候鸟,在春、夏、秋三个季节,它们会在北欧和亚洲生活,有人在我国的新疆西部和西藏南部看到过它们的影子。当寒冷的冬季来临的时候,这些鸟会一起迁徙到遥远的南亚甚至是非洲去。

　　流苏鹬是一种比较大的鸟类,一般成熟的雄鸟的身长可达28厘米左右,而成熟的雌鸟也可以长到23厘米左右。这种鸟的长相有点奇怪,脑袋小小的,却有个长长的脖子,嘴虽然短,但很直,另外,它们的腿也比较长。流苏鹬最特别的不是长相,而是它们的求偶行为,它是一种以求偶行为特殊而著名的鸟类。

　　流苏鹬繁殖期一般在每年的5~8月份。每当求偶期到来时,发育成熟的雄性流苏鹬就会跑到固

定的求偶场所。这个场所并不浪漫,只是一座光秃秃的山顶,可就是这样一个不浪漫的场所却能够让雄性流苏鹬俘获雌鹬的芳心。这究竟靠的是什么呢?原来靠的是雄流苏鹬独特的发型。当雄流苏鹬飞到光秃秃的山顶以后,它们就会把自己头顶上的羽毛和翎腭竖起来,就像换了一个新发型一样。

当然,雄流苏鹬除了独特的发型外,它们皮肤的颜色也会稍加改变。因为雌流苏鹬比较喜欢较深的颜色,所以雄流苏鹬也会把自己的羽毛颜色变得深一些。

雄流苏鹬在山顶上表演,雌流苏鹬这个时候就会充当忠实的观众。在观看的过程中,如果雌流苏鹬对某只雄性感兴趣,就会走进雄流苏鹬的求偶场中,回应自己中意的那只鸟。

换个颜色是为了拒绝爱情——变色龙

变色龙属于脊椎动物亚门蜥蜴亚目避役科的一种爬行动物。它的别名叫避役。大部分变色龙主要生活在非洲地区,在亚洲和欧洲的南部偶尔也会看到它们的影子。

变色龙之所以有这么一个非常奇怪的名字,那是因为它们的皮肤会变色。变色是变色龙保护自己的一种方式,当感觉周围的环境会有危险的时候,它们的身体会变成跟周围的环境一样的颜色。

其实,变色龙变色并不只是为了保护自己,而且还有表达感情的功能。当变色龙进入求偶期,它们会把自己变色的特技表演得淋漓尽致。

当变色龙进入求偶期的时候,雄性变色龙会对着雌性变色龙求偶,雌性的变色龙可不是随便抓一条雄性都能当做丈夫的。当它们对向自己献媚的雄变色龙不感兴趣的时候,它们身体的颜色就变得非常暗淡,与此同时,它们身上还会显现出闪动的红色斑点,这就是在告诉那只向自己求偶的雄变色龙,对它不感兴趣。求偶失败的变色龙就会黯然地走开。

想恋爱先过我这关

关键词：野鸡、南象海豹、猴子、袋鼠、毒蛇、天鹅、大象

导　读：在古代的一些氏族部落中，一直存在着男人通过搏斗来赢取婚姻的事情。其实，除了人类之外，一些动物也会采取搏斗的方式，来确定雌性配偶的归属权。

在动物的世界当中,有些动物的求爱方式并不是都像我们前边介绍的又是情歌又是香水,甚至是载歌载舞地炫耀那么浪漫。某些动物求偶的过程是需要经过一场拼杀才能如愿以偿,说这像武打片中的比武招亲则一点儿都不过分。这些动物的求偶过程当中有比赛、有争斗,甚至大多数会扭打、撕咬……总之,处处充满武力和血腥。

野鸡竞技场的大比武

野鸡是鸟纲鸡形目雉科的一种鸟类动物,学名叫雉鸡,又别称环颈雉、山鸡、项圈野鸡等。

野鸡共有 31 个亚种,遍布全球各地,其中阿富汗、亚美尼亚、阿塞拜疆、保加利亚、中国、格鲁吉亚、希腊、伊朗、哈萨克斯坦、韩国、吉尔吉斯斯坦、老挝、蒙古、缅甸、俄罗斯、塔吉克斯坦、土耳其、土库曼斯坦、乌兹别克斯坦等地区,是它们生活的理想之地。它们通常栖息于海拔 1200 米以下的低山丘陵、农田、地边、沼泽、草地、灌木丛等地带。

野鸡比家养的鸡身材要小一些,它们的尾巴要比家鸡长一些,家鸡是飞不起来的,而野鸡有的时候可以飞上一小段。野鸡的羽毛要比家鸡稍微华丽一点儿,尤其是雄性野鸡,它们的羽毛更为华丽,颈部的羽毛是白色的,远远看去像围着一块白色的丝巾,而它们身上的羽毛泛着金属绿色,与它们颈部的白色形成鲜明的对比。

在采用对决的方式来求偶的这些动物中,野鸡的对决方式应该是最文明的,它们的对决就是一场舞蹈技术大赛,谁的舞蹈跳得好,

动物也恋爱

谁就可以赢得美人芳心。

野鸡的繁殖期是每年的 3~7 月份，生活在南方的野鸡的繁殖期可能会来得更早一些。

每当求偶季节来临的时候，雄性野鸡们会在树林中找一块空旷的场地作为它们的比舞场。这时，成熟的雄性野鸡都会来到这里等待着舞技大赛的开始。而那些成熟的母鸡就会飞上比舞场旁边的树枝上，等着比赛的开始，以从中挑选自己的"如意郎君"。

比赛开始以后，这些雄性野鸡在比舞场中会想尽一切办法来展现自己高超的舞蹈技术，它们有的会展现自己不太高的飞翔技术，飞到半空，空翻几个跟头再飞下来；有的直接在地上拍打自己的翅膀，伸展腰肢，展现自己的雄性之美；有的还会用脚踩着优美的舞步，不时发出"咯咯"的叫声。而此时的雌鸡就在一边兴趣盎然地观看这场生动的舞蹈盛会。

经过一番费劲的表演以后，表演得最好的雄鸡会自信满满地走出比武场地，而这时它的屁股后边就会跟着一群特别崇拜它的母鸡；当然了，肯定也有很多表现得不理想的，尤其是那些刚刚发育成熟的小雄野鸡，它们不论是舞姿，还是身材，看上去都不是那么健美，对于这样的雄鸡来说，也只有等到明年的舞技大赛时再来参加竞赛了。

动物也恋爱

南象海豹的战斗

比起野鸡们的舞技大赛来,南象海豹的求偶对决简直就可以用野蛮来形容了。它们的求偶对决中经常会出现流血的的事情。

南象海豹属于鳍足目海豹科象海豹属,是一种个头最大的成员。南象海豹分为三个亚种:南美亚种、南印度洋亚种、新西兰亚种。这个三个亚种生活聚集地区不一,依次是南大西洋、印度洋南部以及南极太平洋的塔斯马尼亚岛和新西兰南部岛屿地带。它们的食物主要是生活在近岸水域中的南极鱼类。

南象海豹拥有巨大的体型,其成年雄性的大鼻子如象鼻一般,并且能够发出洪亮的吼声,特别在交配季节,这也是它名字的由来。

一般一只成熟的雄性南象海豹的体长可达4～6米,而它们的体重能达到两三吨,虽然雌性南象海豹比雄性南象海豹个头小,但是它们的体重也能达到一吨以上。

南象海豹是一种反应比较迟钝的动物,当你轻轻地走近它们身边的时候,它们可能会一点都察觉不到,继续在沙滩上睡它们的大觉,就像整个世界就它们自己似的。当然,南象海豹也有反应不迟钝的时候，那就是它们在求偶之战的对决中。因为如果这个时候它们还要打盹的话，不仅自己的意中人会被别的南象海豹抢走，很可能还会被对方打个头破血流。

就拿生活在南乔治亚岛的南象海豹来说，每当交配季节来临的时候，生活在南乔治亚岛附近的南象海豹们，不管是雄性还是雌性，都会来到该岛的海岸沿线排布开来。雄性将要迎接一场对决战斗，而对于雌性来说，则要在这场对决中选择一个最为优秀的雄性作为自己的丈夫。

南象海豹的这个盛大聚会，一般都从每年的9月中旬开始。这个时候，一批已经发育成熟的雄性南象海豹就会爬上海岛的海岸。它们一爬上海岸，对决战斗就立刻打响了。

　　这场战斗比起那些野鸡的舞蹈大赛要残酷得多，在战斗的过程中，它们不是比招式，也不是比技巧，这是一场彻头彻尾的蛮力对打。在这样的对打过程当中，流血显然是不可避免的。它们有的在对打中打得鼻青脸肿，那属于轻微伤，有的会被对方撕破鼻子，更有甚者会被打掉眼珠子。获胜的南象海豹被人们称为"海滩老大"。

　　在这些雄性南象海豹们正在奋力打斗的时候，雌性南象海豹却姗姗来迟，它们到达海岸的时间一般都在每年的十月初。它们到达海岸以后，就会纷纷接受那些"海滩老大"领导。

　　每个"海滩老大"领带雌性的数量是不等的，有的会领导20来头，有的会领导几百头，甚至上千头。"海滩老大"领导这些雌性南象海豹以后，会分别与它们交配，让它们繁衍自己的后代。海滩老大还要严阵以待，守护着自己这些"妻妾"，防止其他海豹图谋不轨。

　　一个获胜者可以拥有那么多的妻妾，那些失败者却一无所有。这是很显然的分配不均，所以难免会招来那些失败者的记恨。这样一来，更多的战斗就不可避免了。

　　另外，科学家们都强调，雄性南象海豹争夺配偶的战斗是非常惨烈的，对于在现场考察的科考队员来说也是十分危险。因为如果你夹在两个争斗的雄性南象海豹中间的话，可能一不小心就会被它们伤到。

动物也恋爱

新旧猴王之争

猴子是灵长类动物的俗称，根据生物学家达尔文的生物进化理论，这是一种跟人类有着共同祖先的动物，只不过在进化的过程中它们的祖先喜欢偷懒，不愿意从树上下来，而没有进化成人类。猴子虽然跟人类有着非常近的血缘关系，但是它们的行为和动作却远远没有人类文明，尤其是在求偶这一行为上。

猴子是喜欢群居生活的动物，在一个猴群当中，一般只有这个猴群的猴王才有跟母猴交配的权利，而其他的公猴要想繁衍自己的后代，就必须先登上猴王的宝座才成。这样一来，就会出现一个问题，任何一个老猴王都不可能将自己猴王的座位让给其他的猴子，如果其他猴子想要登上猴王之位，一场充满血腥的争夺战就不可避免了。

就拿猴子中的猕猴来说，它是亚洲地区比较常见的一种猴子，它们的发情期一般都在每年的10月到次年的2月。每年的这个时间，那些已经成年了却又不是猴王的公猴就会进入一个骚动不安的时期，它们想要繁衍自己的后代，只有一个办法，就是自己当猴王。

不过,猴王争夺战是非常惨烈的,这种战争不会因为一场战斗的输赢而决定谁胜谁负。它们往往要打上好几天,从山上打到山下,从洞里打到洞外。

总之,只要想当猴王的那只公猴不泄气,它可以随时找猴王挑衅,争夺猴王的位置。

而猴王呢,也绝不会轻而易举地就把自己的王位让给其他公猴,它也会用尽自己的力气,反复利用自己尖利的爪子扭打拼杀,直

动物也恋爱

到将这只想要夺取自己猴王位置的公猴赶出猴群。

当然，猴王也并不一定都能够战胜想要夺取王位的公猴的，随着年龄的增大，它的力气会渐渐不如那些年轻的公猴。而这些年轻的公猴中又不乏有些武艺超群、心狠手辣的。在这样的情况下，猴王移位只是早晚的事。

雄袋鼠的自由搏击赛

袋鼠是澳大利亚特有的一种食草动物。这种动物后腿不仅要比前腿长,而且还非常强健有力,能跳得又高又远,有的袋鼠最高可以跳 4 米,最远能跳到 13 米,可以说袋鼠是哺乳动物中的跳高和跳远冠军。

袋鼠是一种比较温顺的动物,它们会主动向人类靠近,并用一种温柔的眼神望着你,更有意思的是,如果你们手里有吃的东西,它们还会跟你要。

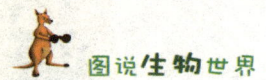

然而，袋鼠虽然温顺，但是也有比较野蛮的时候。其中争偶的行为就是非常野蛮的。当袋鼠们进入求偶期，雄袋鼠为了争夺雌袋鼠，它们之间会展开一场非常激烈的搏击赛，只有最后取得胜利的雄袋鼠才能够取得与雌袋鼠交配的机会。

雄袋鼠搏击赛的情形大体上是这样的：雄袋鼠们走上赛场以后，它们并不是像仇人相见一样，上来就是你打我一拳，我给你一脚。它们上了比赛场以后，先举行一些奇怪的仪式——雄袋鼠双方先用两腿直立行走，我们都知道袋鼠一般都是用跳来代替行走的，所以这个行走仪式对它们来说确实有点儿强人所难，但是它们依然绷着僵直的两条腿完成这个行走仪式，这应该是表示它们对这场比赛的重视，毕竟延续后代是它们生活中最重大的事情。

行走仪式完成以后，它们还要热热身，比方说给自己抓抓痒，刷刷毛，以免这些小事情影响等一会儿的比赛。

当仪式做完了以后，它们才开始真正的比赛。这个时候就开始真正较量了。它们会使出自己一身的力气，以赢得比赛。

如果历经好几个回合，双方都难分高下的话，机智一点儿的袋鼠会先利用跳跃优势，跳起来对着对方猛踹一脚，而对方如果反应不及，就立即会被一脚踹得败下阵去。而这只机智的袋鼠就会获得绝对的胜利，从而取得跟雌袋鼠的交配权。

动物也恋爱

两条毒蛇的斗争

人们对毒蛇的印象都不会好。毒蛇长得吓人也就算了,还能分泌出一种特殊的毒液,如果我们不小心被它们伤到,轻者被麻醉,重者就会有生命危险。其中有一种内陆太攀蛇是公认的陆地上最毒的蛇。据调查,这种蛇一次释放的毒液在 24 小时之内可以毒死 20 吨猎物。要知道这相当于 100 个成年人的重量。也就是说它一次释放的毒液在 24 小时内能要了 100 个人的性命。

比起毒蛇对其他动物的残忍来说,它们对自己的同类是相对比较仁慈的。它们在与同类的斗争中,是不会用毒的。处于求偶期的雄性毒蛇,为了争取对异性的交配权,也要相互进行一番争斗,不过它们的争斗并不用毒,而是想办法把对方的头压在地上。

毒蛇的求偶期一般都是在每年的雨季。雨季一到,雄性毒蛇的争战便开始打响了。

我们都知道蛇是一种没有脚的动物,所以它们不可能像猴子或者袋鼠一样你一拳我一脚地对打。虽然它们能分泌毒液,但是在求偶的过程中,毒蛇们也不会使用毒液来攻击对方。雄性毒蛇相互攻

击的唯一方式就是彼此缠绕。

要知道这些毒蛇的"缠功"也是非常了得。它们在争斗的过程中会借用自己身体上的优势将对方紧紧地缠住，然后再想办法用自己的头和颈上的力量将对方的头压在地面上。这样就可以获胜了。

这种争斗虽然听起来简单，但是毒蛇们往往会坚持一两个小时，因为谁也不愿意服输，非得一条雄蛇把另一条雄蛇折腾得没有力气了，后者才能心甘情愿地俯首称臣。前者因为最终取得了胜利，当然就会去享受跟雌蛇交配的权利。

另外一种毒蛇，它们的求偶方式也十分奇特，在繁殖期，一群雄性毒蛇会聚集在一起，进行最后的对决。最后取得"冠军"的那条毒蛇才能获得与雌性毒蛇交配的资格。

最厉害的莫过于一种叫眼镜王蛇的毒蛇，当两条雌性眼镜王蛇为求偶争斗时，不仅仅是把对方制服，最终是一条毒蛇把另一条毒蛇咬死，才善罢甘休。

还有一种名叫响尾蛇的毒蛇，因为这种蛇在摆动尾巴的时候能够发出响亮的声音，才有这么个奇怪的名字。雄性响尾蛇在求偶的时候也会进行一场求偶大战，然而令人不可思议的是这种蛇取得胜利以后，还是不停地摇摆自己的身体，直到引起雌性响尾蛇的兴趣为止，有的响尾蛇甚至在最后的摇摆中耗尽体力而死，十分悲壮。

动物也恋爱

为了爱情，天鹅也会拼个你死我活

　　为了爱情，不光是像袋鼠这样温顺的动物会上演搏击赛，就连天鹅这样高雅的动物也会争个你死我活。

　　天鹅是属于雁行目鸭科雁亚科的一种水鸟，分布甚广，除非洲、南极洲之外的各大陆均可看到它们的足迹。它们主要生活在芦苇比较多的湖泊、河流、水库或者池塘当中。

　　天鹅属于杂食性动物，主要以水生植物的根、茎、叶、种子，以及软体动物、昆虫、蚯蚓等为食。它们喜欢结伴而行，并且善于飞翔和游泳，也能在地面行走。

　　天鹅计有2属7种，即疣鼻天鹅、黑天鹅、黑颈天鹅、黑嘴天鹅、大天鹅、小天鹅、扁嘴天鹅。天鹅属的鸟类属于候鸟，夏秋时节，它会栖息在我国东北、内蒙古等地区；等到天气变冷的时候，它们就会飞到我国的南方过冬。

　　其中，大天鹅又称为白天鹅。白天鹅的外在形象非常漂亮，尤其是它们羽毛雪白、昂首挺胸、曲项引颈，看上去气质十分高雅。通常情况下，天鹅性情温顺，非常讨人喜爱。

然而，不可思议的是，这样美丽温顺的动物，竟然也会有凶残的一面。

天鹅跟大雁一样，也是一种比较忠贞的鸟，在它们的婚姻生活中也是"一夫一妻"的制度。

"一夫一妻"的制度，是在雌天鹅作出选择之后。在雌天鹅作出选择之前，雄天鹅是没有时间去考虑它们到底以后要怎么与妻子共度终身的问题。在那个时候，雄天鹅首先要考虑的是怎样去战胜自己的情敌。

雄天鹅之间的求偶之争可以用"惨烈"两个字来形容。雄天鹅在战斗之前一般先要表示象征性的礼貌，它们会弯曲着脖子，将自己的翅膀伸展成弓形，这除了是礼貌以外，还是给对方的警告，要吓唬对方一下，其意思是说，你看我的体魄，如果你识趣的话就赶紧走开。当然雄天鹅的这种亮相并不是太见效，对手们都不会因为这一个简单的动作就会被吓走。

礼貌过后，天鹅们就会上演一场非常惨烈的搏斗。在搏斗中它们会用自己嘴啄咬对方，也会用自己的翅膀拍打对手。不要觉得这些动作没有什么大不了，其实它们争斗的杀伤力非常巨大。往往一场雄天鹅的求偶争斗都会以一方的死亡而告终。

由此可以看出，这场求偶斗争是多么惨烈。

动物也恋爱

大象的战斗

大象是真兽亚纲长鼻目的一种哺乳动物，同时，它也是是现存世界最大的陆生哺乳动物，大象主要分布于中国、印度、泰国、柬埔寨、越南以及非洲地区。根据分布地区，大象分亚洲象、非洲象、非洲森林象。其中亚洲象肩高2.3～3.5米，体重4～8吨；非洲象肩高3.2～4.2米，体重5～11吨；非洲森林象肩高2.4～2.8米，体重3.5～5.5吨。大象喜欢栖息于丛林、草原、河谷等地带，主要以植物为食，而且食量极大，每日食量达225千克以上。大象属于群居性动物，并以"家族"为单位，由雌象做首领，在象群家族中的一切活动，比如寻觅食物、休息时间、栖息场所等，均由雌象发号施令。

在繁殖期，雌性大象变得较为温顺起来，就像一位"贤妻良母"，寻找比较安静的场所，用鼻子挖坑，开始搭建房屋。而雄性大象则变得异常兴奋，开始四处炫耀它的勇猛和威武，找其他雄象对决，以期获得雌性大象的好感。

在对决中，雌性大象用庞大的身躯、硕大的耳朵互相攻击，直至一方落败，胜利的一方便可与雌性大象"携手而归"。

 ## 想娶我,准备好"彩礼"再来

关键词:彩礼、红嘴鸥、果蝇、舞蝇、南极企鹅、翠鸟、盗蛛、热带食虫虻

导　读:在民间的传统婚姻习俗中,通常有送"彩礼"之说,而在动物界同样也有送"彩礼"的事情发生。就让我们一起走进动物世界,去看看它们都是送什么样的彩礼吧!

　　人类是一种非常势利的动物,在选择对象的时候总要想方设法找各方面条件相对来说比较好的。这还不算,结婚的时候还要男方准备一些"彩礼"送给女方家长。如果"彩礼"给得足够厚重,女方就会欣然同意,如果"彩礼"给得比较少的话,女方不仅会表现出不高兴,有的还会把好好的一段姻缘给搅黄了。

　　其实,在动物的世界中,有些动物也是很势利的,它们也需要对方那一些"彩礼"来讨自己喜欢,这样才会接受异性的求爱。

红嘴鸥：没有鱼你怎么求婚

红嘴鸥属于鸟纲鹳形目，是一种生活在江河、湖泊、水库或者海湾的水鸟，因为它们的体形和羽毛的颜色跟鸽子差不多，所以人们把它们称为水鸽子。

红嘴鸥靠鱼、虾等食物为生，是一种候鸟，冬天的时候它们会迁徙到温暖的南方过冬，等到北方天气暖和的时候，它们就会从南方飞回来，并在北方繁殖后代。

说到繁殖后代，就不得不提红嘴鸥们有趣的求偶方式。雌性的红嘴鸥是一种比较势利的动物，无论面前的雄性红嘴鸥长得有多么漂亮，它们都不会动心的。只有雄红嘴鸥把彩礼带过来，雌红嘴鸥才会给异性们求爱的机会。

因为红嘴鸥以鱼虾为食，所以雄性红嘴鸥的彩礼无非就是鱼虾之类的食物。红嘴鸥的繁殖季节是北方的夏季。繁殖季节来临的时候，雄性红嘴鸥就会叼来一条小鱼放在雌性红嘴鸥的旁边。这个时候，如果雌性红嘴鸥看一眼这条小鱼的话，雄性红嘴鸥就会趁机向雌性红嘴鸥献宝，还要劝它将礼物收下。如果雌性红嘴鸥对雄性红

嘴鸥带来的礼物满意的话，它就会将这条小鱼吃下去。这就表示雌鸥答应了雄鸥的求爱，然后就会乖乖地跟雄红嘴鸥结成连理，比翼双飞。

果蝇：廉价的"彩礼"也能赢取爱情

果蝇是一种比较常见的昆虫，不管是在温带还是在热带都能见到它们的影子。因为它们的食物主要是以腐烂的水果为主，所以我们经常在果园中或者菜市场上看到这些烦人的家伙。

果蝇虽然很烦人，但是它们的爱情生活却是非常有趣的。雌性的果蝇也是个势利的家伙，雄蝇如果想对它们求偶，没有"彩礼"是绝对行不通的。不过，雌果蝇需要的"彩礼"非常的廉价。它们想要的彩礼就是雄果蝇吐出来的体液。

当果蝇们进入繁殖期的时候，雄果蝇追求雌果蝇的时候，并不会马上就献上自己的彩礼，而是先用一些动作、声音引起雌果蝇的注意。雄果蝇最先做的动作就是用前肢拍打胸脯，这有点儿像我们看到的大猩猩。接着雄果蝇会扇动自己的翅膀，发出"嗡嗡"的声音，这种声音对我们来说是噪音，可是对雌果蝇们来说却是"情歌"。当雄果蝇给雌果蝇唱情歌的时候即使不会打动雌果蝇的芳心，也能吸引雌果蝇的注意。当雄果蝇感觉雌果蝇对自己有一些动心的时候，它们才会把自己的"彩礼"献给雌果蝇；如果雌果蝇无动于衷的话，

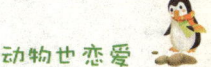

动物也恋爱

　　它们仍然继续前边的表演,直到打动它们并献上"彩礼"为止。

　　然而,雌果蝇为什么会要一份这样的"呕吐物"当彩礼呢?其实雌果蝇要一份这么特殊的彩礼也是别有用意的。因为雌果蝇可以通过这份特殊的彩礼来判断雄果蝇的身体情况。如果它们觉得雄果蝇的身体状况不错的话,就会同意跟对方恋爱,如果对方身体情况不太好的话,它们会本着为后代着想的原则,拒绝对方的求爱。

　　更有意思的是,科学家们发现,雄果蝇被雌果蝇拒绝以后,它们会偏爱酒精含量比较高的食物,这给人的感觉有点儿像借酒消愁。

舞蝇：礼物越大对我越有吸引力

舞蝇，人们也把它们称为"野地蝇"，是一种喜欢在潮湿阴暗的树林中生活的昆虫。舞蝇的长相比较特别，它们的眼睛长在头的两侧，看上就像戴着的一对耳麦，再有它们的头顶还长了一对微型的兔耳朵，另外，它们的身体是细长的三角形。它跟果蝇一样也是势利眼的家伙，不见到彩礼绝对不会答应异性的求偶。

舞蝇应该是比果蝇更加势利的，果蝇要彩礼是不分大小的，只要有就成，可是舞蝇不一样，它们不管什么礼物，彩礼的块头越大对它们越有吸引力。

舞蝇们的彩礼一般都是一些裹在丝球中的小昆虫，比如说小蚊

动物也恋爱

子什么的。在舞蝇的繁殖季节，如果一只雌性舞蝇跟一群雄性舞蝇相遇，这些雄舞蝇都纷纷拿出自己的"彩礼"向雌舞蝇求偶。雌舞蝇选择配偶的标准不是哪个雄舞蝇的身强体壮，它们把目光全都集中在雄舞蝇带来的"彩礼"上，哪个雄舞蝇带来的礼品大，雌舞蝇就选择跟哪只雄舞蝇繁衍后代，而那些带着小"彩礼"过来的雄舞蝇也只得黯然神伤地离去。

南极企鹅：我要的彩礼是鹅卵石

动物也恋爱

　　企鹅是一种非常可爱的动物，它们有着肥胖的身体，身上的羽毛很短，背上的羽毛是黑色的，腹部的羽毛是白色的；它们还有一双跟鸭掌的形状比较相似的脚掌长在身体的最下部，走起路来一摇一晃，笨拙中透露着可爱。尤其是生活在冰天雪地中的南极企鹅，它们的身上还会穿着笔挺的"礼服"，这就更增加了它们的气质。

　　企鹅是一种对爱情比较忠贞的动物，在它们的婚姻生活中基本

实行一夫一妻的制度。科学家们曾经对将近一千只企鹅进行跟踪观察，结果发现它们中有82%的企鹅维持原配。

企鹅虽然忠贞，却是个可爱的势利鬼，尤其是南极企鹅。雄性南极企鹅向雌企鹅求偶的时候也是需要带着彩礼去上门提亲的。雄企鹅带的彩礼非常特别，不是美味的食物，也不是精致的工艺品，而是一些鹅卵石。为什么雌南极企鹅需要雄性给它准备鹅卵石做见面礼呢？这得从它们恶劣的自然生活环境说起了。

每年的十月份来临，在海洋上漂浮了将近一年的企鹅们就会来到它们传统的繁衍地，也就是南极大陆的一块岩石上。在这块嶙峋的岩石上已经完婚的企鹅会在这里继续繁衍后代，而那些刚刚成熟还是单身的企鹅也会在这里向单身的异性求爱并繁衍后代。

可是它们这个传统的繁衍地并不是风平浪静的，当它们准备在这里繁衍后代的时候，会有一股股温暖的洋流光临它们的繁衍地。温暖的洋流带来的并不是只有温暖，还会有灾难。温暖洋流的到来迫使南极周围的冰川融化，融化的雪水会在瞬间把企鹅们精心建造的巢穴淹没。巢穴被洪水淹没的后果是非常可怕的：正在孵化着的企鹅蛋由于受到了雪水的浸泡，里边的胚胎会因为温度太低而被冻死。如果这时候能够有足够的石头将卵垫高的话，那么它们的这些还没有破壳而出的后代就会免于遭受雪水浸泡的厄运，也就不会发生小企鹅还没有看到世界就被冻死了的悲剧。

　　正是因为如此,雌企鹅才需要雄企鹅准备鹅卵石作为彩礼。在它们看来,如果在繁衍后代以前就贮备好足够的鹅卵石的话,它们的后代在孵化过程中,就会免受洪水的侵袭。因此它们的势利,也仅仅是为了更好地保护后代而已。

翠鸟：我们的"彩礼"也是鱼虾

在水鸟当中，除了红嘴鸥以外，翠鸟也是拿"鱼虾"当彩礼的。

翠鸟，也有人称其为鱼虎、钓鱼翁或者蓝翡翠。它是一种非常漂亮的鸟，其羽毛的整体色彩非常艳丽：从它们的头到后脖颈是光泽度非常高的深绿色，上边还点缀着蓝色的斑点；从后背到尾巴的颜色是光鲜的宝石蓝。它们整个翅膀的翼面是绿色，同时也点缀着白色的斑点，而翼下和腹部都是橘红色。

翠鸟也是一种靠捕食鱼虾为生的鸟，它经常栖息在靠近水面的树枝或者芦苇上，等待时机，突然出击，捕食鱼虾，它的动作像猛虎扑食或猎狗捕兔，因此也有人将翠鸟称为鱼虎、鱼狗、钓鱼翁等。因为翠鸟是以鱼虾为食，所以鱼虾也就成了翠鸟们求偶的彩礼。

翠鸟的繁殖期是在每年的4~7月，所以每年的4月就是翠鸟爱情来临的时间。

当翠鸟进入繁殖期的时候，已经成熟的雄性翠鸟就会将自己捕捞的新鲜鱼虾送给自己的求偶对象。而雌翠鸟如果对雄翠鸟送的大礼包满意的话，就会非常高兴地接受下来。

动物也恋爱

在雌翠鸟看来,雄翠鸟的礼包象征着它们日后养家糊口的能力,如果一只雄翠鸟准备不了丰厚的礼包,就意味着自己和孩子以后就会饿肚子。所以,雌翠鸟更钟情于那些带着丰厚"礼包"的雄翠鸟。而那些带着薄礼来求偶的雄翠鸟只能走开。

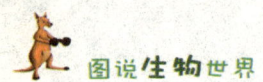

盗蛛：我们用蜘蛛丝包裹彩礼

盗蛛，是一种在北美比较常见的蜘蛛。因为这种蜘蛛的雌性能为幼小的孩子织网，所以人们也把它们称为育儿网蛛。

盗蛛在求偶的时候也是要拿上"彩礼"的。彩礼对于雌盗蛛来说是非常重要的，如果没有彩礼的话，雌盗蛛就不会答应雄盗蛛的求爱。当盗蛛处于繁殖期的时候，雄盗蛛看见了自己心仪的雌盗蛛，就会准备一份拿得出手的"彩礼"送给雌盗蛛。

雄盗蛛的礼品是非常有意思的，在彩礼的外边还有雄盗蛛用心打好的精美包装。这个包装是雄盗蛛们就地取材，用自己吐出来的丝打的。

包装虽然看上去很好，里边到底是什么就很难说清了。也许里边有可能是一些已经晒干了的昆虫残翅，有的甚至连残翅都不是，只有一些枯枝败叶。有的时候雄盗蛛实在找不到礼物可送的时候，还会把自己吃剩下的东西当成礼物用蛛丝打包了送给心上人。

那么雌盗蛛怎么能够心甘情愿地接受这些没有用的彩礼呢？这不得不说雄盗蛛太狡猾了。

动物也恋爱

　　据科学家们推测,在雄盗蛛吐出来的丝里边一定有一种化学成分,这种成分能够有效地迷惑住雌盗蛛。当雌盗蛛用嘴撕咬雄盗蛛送给它的礼物的时候,就会受到这种化学物质的影响,从而导致神情恍惚。而雄盗蛛就会趁雌盗蛛神情恍惚的时候与它交配。

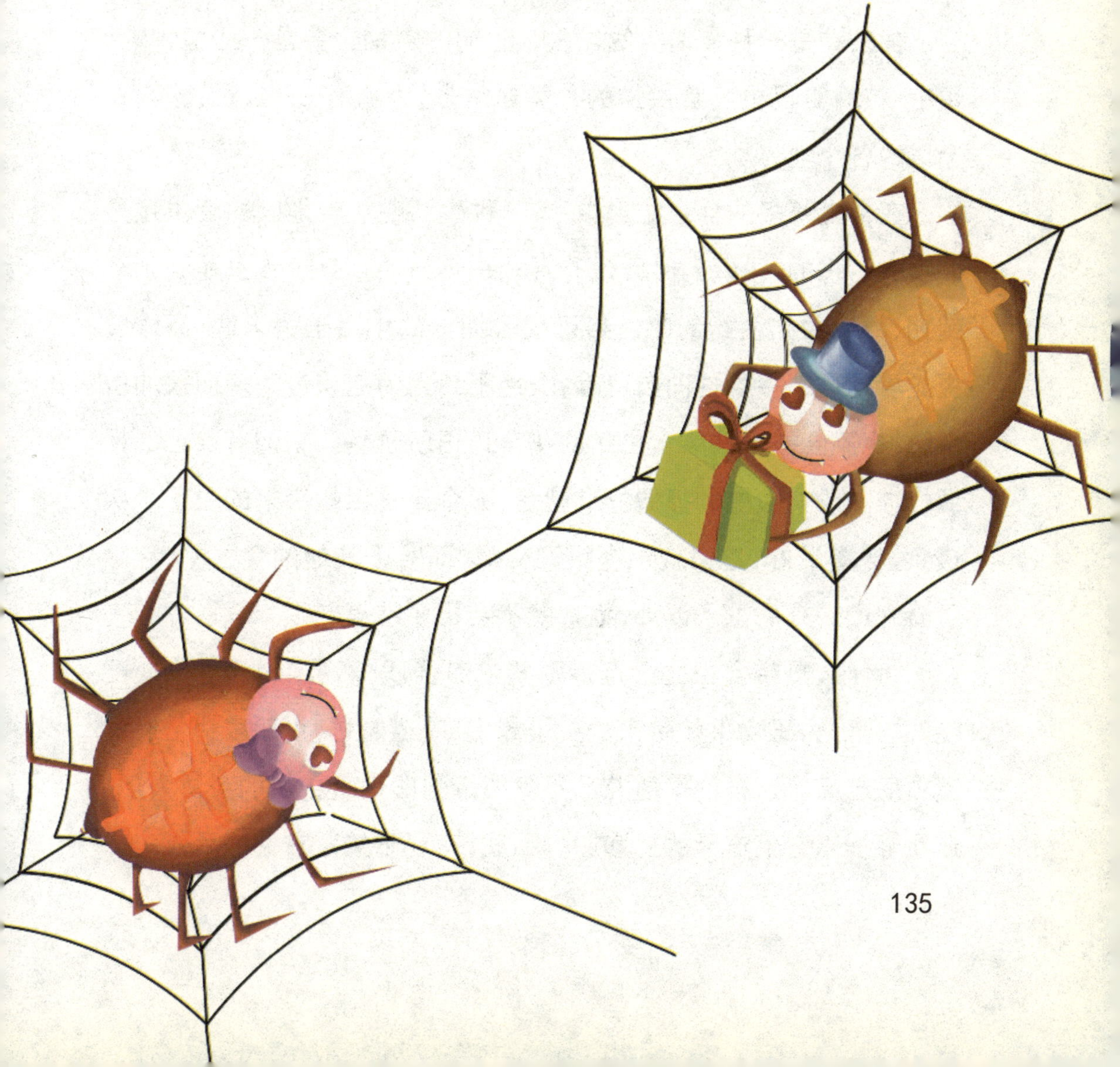

热带食虫虻：我们的爱情礼物是肉虫

食虫虻是一种食肉类的昆虫，它们的食物主要是一些像蝴蝶、蝗虫、黄蜂等昆虫。食虫虻的种类非常多，大概有6750种，分布在全球的各个地方。

在种类繁多的食虫虻当中，有一种生活在热带地区的食虫虻是非常有意思的，求偶的时候没有彩礼是不行的。热带食虫虻到了繁殖期，雄食虫虻会纷纷带着自己精心捕捉的小虫子去求偶，而雌食虫虻看到这么多异性向自己献礼，绝不会因为追求者太多而被冲昏头脑，也不会被一些雄食虫虻的花言巧语所蒙骗。它们有自己的择偶标准。雌食虫虻的择偶标准就是，哪个雄食虫虻带来的虫子个头最大，味道最好，它们就选择跟谁交配，而对于其他的食虫虻，它除了看它们带来的虫子以外，根本就不会再多瞧第二眼。

为什么热带食虫虻会选择那些带着优质"彩礼"的雄性来交配呢？这是因为雄食虫虻带来的虫子越大、味道越好，说明里边含有的蛋白质越高。这样的优质礼品不仅能增强雌性食虫虻的身体素质，还能够提高它们产卵的量和卵的品质，有利于繁殖它们的后代。

 ## 你给我爱情，我给你生命

关键词：螳螂、红背蜘蛛

导　读：为了繁育后代，在动物世界中，一些动物的雄性不惜丢掉生命，也可以把它们的这种行为看作是为了"爱情"而献身！

　　爱情并不都是甜蜜的,在爱情来临的时候,动物们在享受爱情甜蜜的同时,也会承受着痛苦。

　　然而是甜蜜和痛苦总是暂时的,如果为了繁育下一代而必须付出生命的话,那生命不也有了永恒的价值吗？为了赢取爱情,奋不顾身,哪怕是付出自己的生命也是在所不辞的动物,是值得尊敬的。

爱你就要吃掉你——螳螂

螳螂，我们也称之为刀螂，是一种比较常见的昆虫。螳螂在昆虫界的名声并不太好，尤其是雌性的螳螂，竟然有"吃夫"的恶名。为什么雌螳螂会这样凶恶呢？这还得从螳螂的求偶说起。

螳螂的繁殖期来临的时候，雄螳螂遇到自己心仪的雌螳螂以后，就会向雌螳螂表达自己的爱意。雄螳螂向雌螳螂示爱的方法就是"婚飞"，"婚飞"即结伴而飞，在这个过程中培养感情。通常情况下，婚飞10余分钟即可完成。当它们"婚飞"结束以后，这就意味着两个昆虫的感情已经基本稳定，这时候雄螳螂就会慢慢地靠近雌螳螂，然后又迅速爬到雌性的背上与之交配。正当雄螳螂沉浸在美好的爱情中的时候，雌螳螂却一口将丈夫的头咬掉了，然后将头一口一口地吃掉，接着是吃身体的其他部位，一直吃到只剩下它丈夫两个薄薄的翅膀。

这个过程在19世纪法国昆虫学家法布尔的《昆虫记》中记录得非常清楚。

那么，是不是所有雌螳螂都会吃掉自己的

动物也恋爱

丈夫呢？其实不是这样的。20世纪80年代，名叫里克斯和戴维斯的两位科学家做了一个实验。他们将准备好的螳螂喂饱以后，放在实验室中让它们自由生活，再用摄像机记录它们的生活。结果发现，这

些螳螂发生的三十场交配中,竟然没有一只雌螳螂将自己的丈夫吃掉。后来这两个科学家又做了一系列实验发现,只有那些处于饥饿状态的雌螳螂才会在交配的过程中将自己的丈夫吃掉。

然而这样就又产生了一个问题,雄螳螂明明知道这样一来配偶会给自己的生命带来危险,为什么还要跟这样的雌螳螂交配呢? 在科学界一直存在着两种说法:

第一,有的科学家们认为,断头能帮助雄螳螂完成交配。这是因为存在于雄性大脑中的中央神经能抑制它们射精管肌肉的收缩。只有当雌性将它们的大脑吃掉以后才能完成整个的交配过程。可是如果是这样的话,为什么有些雌螳螂不用吃掉丈夫也能生养后代呢? 很显然这是有矛盾的。

第二,有的科学家认为,雌螳螂在以后的产卵过程中会损失大量的能量,而雄螳螂身体里的蛋白质丰富,能够帮助雌螳螂补充能量。可是这样一来就又一个问题出现了,为什么雌螳螂在交配之前不准备好产卵时所必需的食物呢?或者像翠鸟那样让自己未来的丈夫给自己准备一个大礼包,干嘛非要吃掉丈夫呢?

这两个观点听起来都是那么有道理,可是仔细琢磨一下又都有解不开的地方。至于到底是为什么?也许随着科学的发展和进步,这个谜团将会被揭开。

动物也恋爱

丢掉生命的爱情——红背蜘蛛

爱情都是甜蜜美好的,可是对于生活在澳大利亚的红背蜘蛛来说,这个甜蜜美好的爱情背后却是残忍的杀戮。这到底是怎么回事儿呢?

红背蜘蛛是生活在澳大利亚的一种剧毒蜘蛛,因为它们的背上有一块红斑而被人们称为红背蜘蛛。红背蜘蛛的个头虽然不算大,但是毒性却相当强,如果人类不小心被这种蜘蛛叮咬的话,五分钟以后毒性就会发作,如果不及时治疗的话就会有生命危险。因此,人们还给它起了一个很可怕的名字叫黑寡妇蜘蛛。

红背蜘蛛不仅对人类恶毒,对自己的同类也是一样的残暴。特别是雌性的红背蜘蛛,它们对同类的异性简直就是到了惨无人道的地步。它们会利用跟异性交配的机会,将异性直接吃掉。据科学家们研究发现,有83%的雄红背蜘蛛都难以逃脱雌蜘蛛的魔爪。那么雄红背蜘蛛是怎样走进雌红背蜘蛛的陷阱的呢?

经过是这样的:当红背蜘蛛们的繁殖期来临,雌红背蜘蛛的身体就会散发出一种特别的气味。这种气味对雄红背蜘蛛有着极大的吸引力，吸引着雄红背蜘蛛慢慢靠近雌性。此时的雄红背蜘蛛会拍打着它们的触须，身体颤抖地向雌性表示着自己的交配愿望。

这时，雄红背蜘蛛无疑走进了雌蜘蛛的爱情陷阱里。在两只蜘蛛交配的过程中，雄蜘蛛会把自己的精子注入雌蜘蛛的身体之内。而与此同时，雌性红背蜘蛛也会把消化液注入雄性红背蜘蛛身体之内，准备消化这顿美餐。雄性红背蜘蛛不会心甘情愿被雌蜘蛛所吃，可是无奈自己的身体已经被雌蜘蛛的丝缠牢了，想挣脱也挣脱不掉，只好乖乖地成为雌蜘蛛的美餐。